光学真空镀膜技术

主　编　石　澎　马　平

副主编　鲍刚华　沈燕君

参　编　王　震　邬　婧　王丽荣　张明骁　吕　亮

机 械 工 业 出 版 社

近些年，随着手机、汽车、安防监控等光学镜头终端市场的规模化、持续性扩张，对光学薄膜的需求也越来越多，光学真空镀膜技能型人才供不应求的局面日益凸显。本书以弱化理论、侧重实践与技能为原则，按照工序将光学真空镀膜技术分为光学镀膜基础与膜系设计、光学薄膜制备技术、光学薄膜检测技术三部分，对应光学薄膜制备的三个核心流程，基于工作过程和典型工作任务设置单元和内容，使书中内容与职业岗位要求相匹配。

本书可作为高职、中职院校光学相关专业的课程教材，也可供相关领域的工程技术人员学习参考。

图书在版编目（CIP）数据

光学真空镀膜技术/石澎，马平主编. —北京：机械工业出版社，2021.11（2023.11重印）

ISBN 978-7-111-69356-7

Ⅰ.①光… Ⅱ.①石… ②马… Ⅲ.①薄膜光学–职业教育–教材 ②真空技术–镀膜–职业教育–教材 Ⅳ.①O484.4②TN305.8

中国版本图书馆 CIP 数据核字（2021）第 204181 号

机械工业出版社（北京市百万庄大街 22 号 邮政编码 100037）
策划编辑：付承桂 责任编辑：付承桂 赵玲丽
责任校对：樊钟英 刘雅娜 封面设计：马若濛
责任印制：郜 敏
北京富资园科技发展有限公司印刷
2023 年 11 月第 1 版第 3 次印刷
169mm×239mm · 9 印张 · 174 千字
标准书号：ISBN 978-7-111-69356-7
定价：46.00 元

电话服务　　　　　　　　网络服务
客服电话：010-88361066　机 工 官 网：www.cmpbook.com
　　　　　010-88379833　机 工 官 博：weibo.com/cmp1952
　　　　　010-68326294　金 书 网：www.golden-book.com
封底无防伪标均为盗版　机工教育服务网：www.cmpedu.com

| 前言

　　光学薄膜能改善光学系统的性能，对光学仪器的功能起着重要或决定性的作用。早在 17 世纪，自然科学领域的学者们就发现了光学薄膜在光学系统中的重要作用，但是光学薄膜的应用一直受限于落后的制备技术。直到 20 世纪 30 年代，高真空获得技术开始日趋成熟，光学真空镀膜技术随之得到迅速发展，光学薄膜开始在光学领域大放异彩，至今已形成一门独立的技术，广泛应用在各种成像仪器、天文、军事、医疗、科学检测、光显示和光通信等领域中。

　　我国光学薄膜领域的权威专家唐晋发教授对光学薄膜有这样一段描述："光学薄膜广泛地应用到一切光学和光电装置中，可以毫不夸张地说，没有光学薄膜，大部分近代的光学系统和光电装置就不能正常地工作，更不用说实现优越的性能。"光学真空镀膜是真空镀膜技术在光学上的一个重要应用，是光电制造产业中必不可少的关键环节，制备的光学薄膜决定了光学系统性能。随着科学技术的不断发展，各种应用领域对光学镜片的性能要求也不断提高，对光学真空镀膜技术的要求也越来越高。近些年，随着手机、汽车、安防监控等光学镜头终端市场的规模化、持续性扩张，对光学薄膜的需求也越来越多，光学真空镀膜技能型人才供不应求的局面日益凸显。

　　当前培养光学真空镀膜人才的图书主要面向本科生、研究生，对于职业技能型人才来说，理论知识较多，内容过于深奥。为此，我们编写了一本面向培养职业技能型人才的光学真空镀膜技术教程。

　　《光学真空镀膜技术》以弱化理论、侧重实践与技能为原则，按照工序将光学真空镀膜技术分为光学镀膜基础与膜系设计、光学薄膜制备技术、光学薄膜检测技术三部分，对应光学薄膜制备的三个核心流程，基于工作过程和典型工作任务设置单元和内容，使书中内容与职业岗位要求相匹配。

　　本书在编写过程中参考、借鉴了业内相关的技术资料，在此向有关人员致以崇高的敬意和衷心的感谢。由于有些资料的引用无从溯源，参考文献疏漏之处敬请谅解，并可联系作者补充。由于作者水平有限，时间也甚为仓促，错误和不足之处敬请读者批评指正。

作　者

CONTENTS

目录

第1章 光学镀膜基础

1.1 光学薄膜理论基础

1.1.1 平面电磁波在单一界面上的反射和折射

通常光学多层膜涉及很多界面，我们首先讨论最简单的单一界面的情况，然后将之扩展到多层薄膜、很多界面的复杂情况。光波是电磁波，根据波动光学的理论，光在空间任意位置的电磁场强度与所在介质性能之间的关系是通过麦克斯韦方程和物质方程来表征的。

反射定律和折射定律

下面讨论光在两种不同介质的分界面上所发生的反射和折射现象。为方便起见，假定两种介质都是各向同性的均匀介质。位于图 1-1 所示的 x-z 平面（入射平面）内的一束单色线偏振的平行光以一定角度 θ_0 入射在分界面上。n_0 和 n_1 各为两个介质的光学导纳。入射波在界面上分解为一个反射波和一个折射或透射波。设 θ_0、θ_r 和 θ_t 分别为入射波、反射波和透射波单位矢量的方向余弦，则入射波的位相因子为

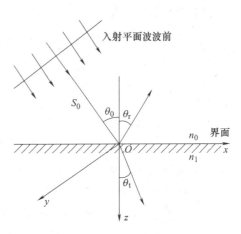

图 1-1　平面波的反射和折射

$$\exp\left\{i\left[\omega_i t - \frac{2\pi N_0}{\lambda}(x\sin\theta_0 + z\cos\theta_0)\right]\right\} \tag{1-1}$$

反射波的位相因子为

$$\exp\left\{i\left[\omega_r t - \frac{2\pi N_0}{\lambda}(x\alpha_r + x\beta_r + x\gamma_r)\right]\right\} \tag{1-2}$$

1

透射波的位相因子为

$$\exp\left\{i\left[\omega_t t - \frac{2\pi N_0}{\lambda}(x\alpha_t + x\beta_t + x\gamma_t)\right]\right\} \tag{1-3}$$

根据界面两侧电磁场的边界条件，在 $z = 0$ 处，E 和 H 的切向分量是连续的，即

$$E_t^i + E_t^r = E_t^t \tag{1-4}$$

$$H_t^i + H_t^r = H_t^t \tag{1-5}$$

若在任何时刻，对于边界上的任意一点，上式始终能成立，则它表示从一种介质到另一种介质，波的频率是不变的。同时，若满足边界条件，还必须使上述三个位相因子表达式中对应的系数相等，即

$$N_0\alpha_i = N_0\alpha_r = N_0\alpha_t \tag{1-6}$$

$$N_0\beta_i = N_0\beta_r = N_0\beta_t \tag{1-7}$$

从图 1-1 可见

$$\alpha_i = \sin\theta_0, \quad \alpha_r = \sin\theta_r, \quad \alpha_t = \sin\theta_t$$

则式（1-7）有

$$\beta_i = \beta_r = \beta_t = 0 \tag{1-8}$$

$$N_0\beta_i = N_0\beta_r = N_0\beta_t = 0 \tag{1-9}$$

这表示在反射、折射时，光束固定在入射平面（$x\text{-}z$ 平面）内。

由式（1-7）得，$N_0\alpha_i = N_0\alpha_r$，因而

$$\theta_0 = \theta_r \tag{1-10}$$

式（1-10）表示光从两个介质的分界面上反射时，入射角等于反射角，此即反射定律。

从式（1-10）又有

$$N_0\sin\theta_0 = N_1\sin\theta_t \tag{1-11}$$

若用 θ_1 代替 θ_t，则式（1-11）更加对称，有

$$N_0\sin\theta_0 = N_1\sin\theta_1 \tag{1-12}$$

式（1-11）称为斯涅耳折射定律，它对透明的或吸收的介质都同样适用。

1.1.2　菲涅尔公式

我们可以进一步讨论反射波和透射波振幅的大小以及反射相位的变化。为了避免混淆，首先规定电场矢量的正方向。最容易处理的是垂直入射的情况。通常取 z 轴垂直于界面，正方向沿着入射波方向。x 和 y 轴位于界面内。规定入射波、反射波和透射波的电场矢量的正方向相同（例如都从纸面向外）。对于电场，我们选择

最简单的约定，同时由于这些矢量也符合右手坐标系法则，所以也就包含了对磁场矢量的隐含约定，如图1-2所示。

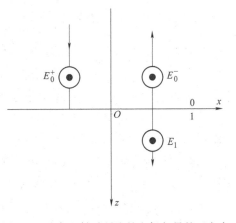

图 1-2　垂直入射时所取的电场矢量的正方向

因为波是垂直入射的，所以 E 和 H 两者平行于界面，并且在界面两边它们都是连续的。由于在第二介质中显然没有反射波，故

$$H_1 = H_t, \quad E_1 = E_t \qquad (1\text{-}13)$$

由 $\dfrac{N\sqrt{\varepsilon_0/\mu_0}}{\mu_r}(S_0 \times E) = H$，得

$$H_1 = N_1(S_0 \times E_1) \qquad (1\text{-}14)$$

在入射介质中，有正方向行进和负方向行进的两种波。用符号 E_0^+、E_0^-、H_0^+、H_0^- 分别表示 E 和 H 在第一介质中的各个分量，它们之间有下列关系：

$$\left.\begin{array}{l} H_0^+ = N_0(S_0 \times E_0^+) \\ H_0^- = N_0(-S_0 \times E_0^-) \end{array}\right\} \qquad (1\text{-}15)$$

应用边界条件

$$\left.\begin{array}{ll} E_1 = E_1^+ = E_0^+ = E_0^- & （在 z = 0） \\ H_1 = H_1^+ = H_0^+ = H_0^- & （在 z = 0） \end{array}\right\} \qquad (1\text{-}16)$$

将式（1-16）的第二式和式（1-15）代入式（1-14），得

$$N_1(S_0 \times E_1) = N_0(S_0 \times E_0^+ - S_0 \times E_0^-) \qquad (1\text{-}17)$$

即

$$N_1 E_1 = N_0(E_0^+ - E_0^-) \qquad (1\text{-}18)$$

故有

$$E_0^- = \frac{N_0 - N_1}{N_0 + N_1}E_0^+ \qquad (1\text{-}19)$$

$$\left.\begin{array}{l} r = \dfrac{E_0^-}{E_0^+} = \dfrac{N_0 - N_1}{N_0 + N_1} \\[3mm] t = \dfrac{E_1}{E_0^+} = \dfrac{2N_0}{(N_0 + N_1)} \end{array}\right\} \qquad (1\text{-}20)$$

式中，r、t 称为振幅反射系数和透射系数，或称菲涅尔反射系数和透射系数。

由坡印廷矢量平均值的表示式可知，强度反射率 R 为

$$R = rr^* = \left(\frac{N_0 - N_1}{N_0 + N_1}\right)\left(\frac{N_0 - N_1}{N_0 + N_1}\right)^* \tag{1-21}$$

上面讨论的是垂直入射的情况，但其结果不难推广到倾斜入射的情况。这时我们需分别对 p⁻ 偏振和 s⁻ 偏振规定电场矢量的正方向，符号如图 1-3 所示，这和垂直入射时所取的约定规则是一致的。

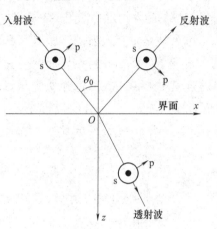

图 1-3　倾斜入射时所取的电场矢量的正方向

只要引进有效导纳 η，用 η_0 和 η_1 代替式（1-20）和式（1-21）中的 N_0 和 N_1，便可求得倾斜入射时的反射率。类似于式 $\left[\dfrac{N\sqrt{\varepsilon_0/\mu_0}}{\mu_r}(S_0 \times E) = H\right]$，$\eta$ 可定义为磁场强度的切向分量与电场强度的切向分量之比，即

$$\eta = H_t^+/(S_0 \times E_t^+)$$
$$\eta = - H_t^-/(S_0 \times E_t^-) \tag{1-22}$$

η 不仅与入射角有关，而且依赖于 E 和 H 相对于入射平面的方位。可以证明，任何特定方位都可以归纳为两个标准方位的组合：

E 在入射面内，这个波称为 TM 波（横磁波）或称 p⁻ 偏振波；

E 垂直于入射面，这个波称为 TE 波（横电波）或称 s⁻ 偏振波。

下面分别讨论 TM 波和 TE 波的反射系数和透射系数。

TM 波（p⁻ 偏振）：H 垂直于入射面，故 H 与界面平行，因此

$$H = H_t \tag{1-23}$$

而 E 与界面成 θ 倾角，故

$$E_t = E\cos\theta \tag{1-24}$$

因为

$$H = H_t = N(S_0 \times E) = N(S_0 \times E_t/\cos\theta) = \frac{N}{\cos\theta}(r_0 \times E_t) \tag{1-25}$$

r_0 为垂直于界面的单位波矢量。由 η 的定义，有

$$\eta_p = N/\cos\theta \tag{1-26}$$

TE 波（s⁻ 偏振）：E 与界面平行，而 H 成 θ 倾角。用与上面相似的证明，得到

$$\eta_s = N\cos\theta \tag{1-27}$$

现在菲涅尔反射系数可以写成

$$r_p = \left(\frac{E_0^-}{E_0^+}\right)_p = \frac{E_{0t}^-/\cos\theta_0}{E_{0t}^+/\cos\theta_0} = \frac{E_{0t}^-}{E_{0t}^+} = \frac{\eta_{0p} - \eta_{1p}}{\eta_{0p} + \eta_{1p}} = \frac{N_0\cos\theta_1 - N_1\cos\theta_0}{N_0\cos\theta_1 + N_1\cos\theta_0} \quad (1\text{-}28)$$

$$r_s = \left(\frac{E_0^-}{E_0^+}\right)_s = \frac{E_{0t}^-}{E_{0t}^+} = \frac{\eta_{0s} - \eta_{1s}}{\eta_{0s} + \eta_{1s}} = \frac{N_0\cos\theta_0 - N_1\cos\theta_1}{N_0\cos\theta_0 + N_1\cos\theta_1} \quad (1\text{-}29)$$

同样，透射系数可以写成

$$t_p = \left(\frac{E_1}{E_0^+}\right)_p = \frac{E_{1t}^-/\cos\theta_1}{E_{0t}^+/\cos\theta_0} = \frac{2\eta_{0p}}{\eta_{0p} + \eta_{1p}} \cdot \frac{\cos\theta_0}{\cos\theta_t} = \frac{2N_0\cos\theta_0}{N_0\cos\theta_1 + N_1\cos\theta_0} \quad (1\text{-}30)$$

$$t_s = \left(\frac{E_1}{E_0^+}\right)_s = \frac{E_{1t}}{E_{0t}^+} = \frac{2\eta_{0s}}{\eta_{0s} + \eta_{1s}} = \frac{2N_0\cos\theta_0}{N_0\cos\theta_0 + N_1\cos\theta_1} \quad (1\text{-}31)$$

强度反射率是

$$R = \left(\frac{\eta_0 - \eta_1}{\eta_0 + \eta_1}\right)^2 = \begin{cases} \left(\dfrac{N_0\cos\theta_1 - N_1\cos\theta_0}{N_0\cos\theta_1 + N_1\cos\theta_0}\right)^2 \\[3mm] \left(\dfrac{N_0\cos\theta_0 - N_1\cos\theta_1}{N_0\cos\theta_0 + N_1\cos\theta_1}\right)^2 \end{cases} \quad (1\text{-}32)$$

正如前面所述，由于透射光束和入射光束的截面积不同，所以透射率定义为透射光强度的垂直分量与入射光强度垂直分量之比。故透射率为

$$T = \frac{N_1\cos\theta_1}{N_0\cos\theta_0}|t|^2 = \begin{cases} \dfrac{4N_0N_1\cos\theta_0\cos\theta_1}{(N_0\cos\theta_1 + N_1\cos\theta_0)^2} \\[3mm] \dfrac{4N_0N_1\cos\theta_0\cos\theta_1}{(N_0\cos\theta_0 + N_1\cos\theta_1)^2} \end{cases} \quad (1\text{-}33)$$

式（1-28）~式（1-31）就是菲涅尔公式，是薄膜光学中最基本的公式之一。因为光在薄膜中的行为，实际上是光波在分层介质的诸界面上的菲涅尔系数相互叠加的结果，所以可借助这些系数分析多层膜的特性。

第二介质是吸收介质的情况

上面讨论了两种介质都是非吸收介质的情况，但即使第二介质是吸收介质，菲涅尔公式也是有效的。与上述情况不同的只是这种介质的折射率 N_1 为复数，$N_1 = n_1 - ik_i$。由折射定律

$$n_0\sin\theta_0 = (n_1 - ik_1)\sin\theta_1 \quad (1\text{-}34)$$

得

$$\sin\theta_0 = \frac{n_0\sin\theta_0}{(n_1 - ik_1)} \quad (1\text{-}35)$$

可见 θ_1 为复数，并且除了 $\theta_0 = \theta_1 = 0$，即垂直入射的特殊情况外，θ_1 不再代

表折射角。在 $\theta_0 = \theta_1 = 0$ 这种特殊情况下，菲涅尔反射系数的表达式有如下简单的形式：

$$r_p = r_s = \frac{n_0 - n_1 + ik_1}{n_0 + n_1 - ik_1} \qquad (1-36)$$

反射率则为

$$R_p = R_s = \frac{(n_0 - n_1)^2 + k_1^2}{(n_0 + n_1)^2 + k_1^2} \qquad (1-37)$$

当光束倾斜入射时，情况要复杂得多。这时菲涅尔反射系数为

$$r_s = \frac{n_0\cos\theta_0 - N_1\cos\theta_1}{n_0\cos\theta_0 + N_1\cos\theta_1}$$

$$r_p = \frac{n_0\cos\theta_1 - N_1\cos\theta_0}{n_0\cos\theta_1 + N_1\cos\theta_0}$$

我们必须记住 $N_1\cos\theta_1$ 值是一个复数值

$$N_1\cos\theta_1 = (n_1^2 - k_1^2 - n_0^2\sin^2\theta_0 - 2in_1k_1)^{1/2} \qquad (1-38)$$

它必须在第四象限。如令

$$N_1\cos\theta_1 \equiv u_1 + iv_1 \qquad (1-39)$$

则必须有 $u_1 > 0$，$v_1 > 0$。这可以容易地得到证明。在吸收介质中传播的波可以写成如下形式：

$$E_1 = E_{01}\exp\left\{i\left[\omega t - \frac{2\pi N_1}{\lambda}(x\sin\theta_1 + z\cos\theta_1)\right]\right\}$$

$$= E_{01}\exp\left(\frac{2\pi}{\lambda}zv_1\right)\exp\left\{i\left[\omega t - \frac{2\pi}{\lambda}(xN_1\sin\theta_1 + zu_1)\right]\right\} \qquad (1-40)$$

只有当 $v_1 < 0$，才表示电场强度沿着 z 方向按指数衰减。同时由于 $n_1 > 0$，$k_1 > 0$，而且通常 $k_1 > n_1$，所以 $(n_1^2 - k_1^2 - n_0^2\sin^2\theta_0 - 2in_1k_1)$ 必须在第三象限，而它的二次方根则在第二或第四象限。因为 $v_1 < 0$，所以 u_1 必须大于零。

于是菲涅尔反射系数可以改写成如下形式

$$r_s = \frac{n_0\cos\theta_0 - (u_1 + iv_1)}{n_0\cos\theta_0 + (u_1 + iv_1)} \qquad (1-41)$$

$$r_p = \frac{n_0(u_1 + iv_1) - [(u_1 + iv_1)^2 + n_0^2\sin^2\theta_0]\cos\theta_0}{n_0(u_1 + iv_1) + [(u_1 + iv_1)^2 + n_0^2\sin^2\theta_0]\cos\theta_0} \qquad (1-42)$$

对在吸收介质中传播的波，菲涅尔透射系数没有实际意义，因为波的衰减取决于它在介质中的行进路程。复数 $r_p = |r_p|e^{i\varphi_p}$ 和 $r_s = |r_s|e^{i\varphi_s}$ 的幅角是反射波的位相变化，反射率由模的二次方确定。

全反射

全反射是值得专门叙述一下的。在这里，在这里，虽然第二介质是透明介质，我们仍然要利用复数折射角的概念。全反射发生在光从光密媒质传播到光疏媒质，即 $n_0 > n_1$ 的时候，而且要入射角 θ_0 超过上式所给定的临界角 $\overline{\theta_0}$（全反射角）

$$\sin \overline{\theta_0} = n_1/n_0 \tag{1-43}$$

由斯涅尔定律得

$$\sin\theta_1 = \frac{n_0}{n_1}\sin\theta_0 \tag{1-44}$$

当 $\theta_0 = \overline{\theta_0}$ 时，$\sin\theta_1 = 1$，即 $\theta_1 = 90°$，因而光沿着和界面相切的方向射出。现在我们要讨论的是当入射角超过临界角时反射位相的变化。在 $\theta_0 > \overline{\theta_0}$ 的情况下

$$n_1\cos\theta_1 = \pm n_1 (1 - \sin^2\theta_1)^{1/2} = \pm in_1 (n_0^2 \sin^2\theta_0/n_1^2 - 1)^{1/2} \tag{1-45}$$

令 $n_1\cos\theta_1 \equiv iv_1$，只有 $v_1 < 0$ 才符合物理模型。

写出光波在第二介质中的位相因子

$$\exp\left\{i\left[\omega t - \frac{2\pi}{\lambda}(iv_1 z + x\sin\theta_1 n_1)\right]\right\} = \exp\left(\frac{2\pi z}{\lambda}v_1\right)\exp\left[i\left(\omega t - \frac{2\pi n_1}{\lambda}x\sin\theta_1\right)\right] \tag{1-46}$$

可见 v_1 取负值才表示电场在第二介质中是一按指数衰减的衰减场。同时上式也说明全反射条件下，在第二介质中电场的等幅面和等位相面是不一致的。等幅面垂直于 z 轴，而等位相面垂直于 x 轴。

为了把菲涅尔公式（1-36）和式（1-37）应用到全反射情况，只需做如下修改。使 $xu_1 = 0$，$iv_1 = n_1\cos\theta_1$，于是有

$$r_s = \frac{n_0\cos\theta_0 - iv_1}{n_0\cos\theta_0 + iv_1} \equiv |r_s| e^{i\varphi_s} \tag{1-47}$$

$$r_p = \frac{in_0 v_1 - n_1^2\cos\theta_0}{in_0 v_1 + n_1^2\cos\theta_0} = \frac{n_0 v_1 + in_1^2\cos\theta_0}{n_0 v_1 - in_1^2\cos\theta_0} \equiv |r_p| e^{i\varphi_p} \tag{1-48}$$

在全反射情况下，反射光将发生位相变化。式（1-47）、式（1-48）中，$|r_s| = |r_p| = 1$。两式都具有 $\tilde{z}(\tilde{z}^*)^{-1}$ 这种形式，因此 α 是 $\tilde{z}$ 的幅角（即 $\tilde{z} = ae^{i\alpha}$，其中，a 和 α 都是实数），则

$$e^{i\alpha} = \tilde{z}(\tilde{z}^*)^{-1} = e^{2i\alpha} \tag{1-49}$$

即

$$\tan\frac{\varphi}{2} = \tan\alpha \tag{1-50}$$

因此

$$\tan\frac{\varphi_s}{2} = \frac{-v_1}{n_0\cos\theta_0} = \frac{(\sin^2\theta_0 - n_1^2/n_0^2)^{1/2}}{\cos\theta_0} \tag{1-51}$$

$$\tan\frac{\varphi_p}{2} = \frac{n_1^2\cos\theta_0}{n_0 v_1} = \frac{n_1^2/n_0^2 \cdot \cos\theta_0}{(\sin^2\theta_0 - n_1^2/n_0^2)^{1/2}} \tag{1-52}$$

由此可见，两个分量受到不同的位相跃变，因此，线偏振光经全反射后通常也变成椭圆偏振光。

对相对位相差 $\Delta = \varphi_s - \varphi_p$，有

$$\tan\frac{\Delta}{2} = \frac{\tan\varphi_s/2 - \tan\varphi_p/2}{1 + \tan\varphi_s/2 \cdot \tan\varphi_p/2} = \frac{\sin^2\theta_0}{\cos\theta_0 (\sin^2\theta_0 - n_1^2/n_0^2)^{1/2}} \tag{1-53}$$

1.1.3 光学薄膜特性的理论计算

单层介质薄膜的反射率

在上一节中我们曾讨论了平面电磁波在单一界面上的反射和折射。在界面上应用边界条件可以写出

$$\eta_1 E_1 = \eta_0 E_0^+ - \eta_0 E_0^- = H_0 \tag{1-54}$$

$$E_1 = E_0^+ + E_0^- = E_0 \tag{1-55}$$

因为应用边界条件写出的 p 分量和 s 分量的等式形式是相同的，所以不再区分 p 分量和 s 分量的情形。同时除了另作说明外，E 和 H 都是指电场或磁场的切向分量，不再指明下标 t。

在光学上，处于两个均匀媒质之间的均匀介质膜的性质特别重要，因此我们将比较详细地来研究这一情况。假定所有媒质都是非磁性的（$\mu_r = 1$）。

如图 1-4 所示，单层薄膜的两个界面在数学上可以用一个等效的界面来表示。膜层和基底组合的导纳是 Y，由式（1-54）和式（1-55），可以知道

图 1-4　单层薄膜的等效界面

$$Y = H_0/E_0 \tag{1-56}$$

式中，$Y = H_0/E_0$，$E_0 = E_0^+ + E_0^-$。

于是如同单一界面的情形，单层膜的反射系数可表示为

$$r = (\eta_0 - Y)/(\eta_0 + Y) \tag{1-57}$$

只要确定了组合导纳 Y，就可以方便地计算单层膜的反射和透射特性。因此，问题就归纳为求取入射界面上 H_0 和 E_0 的比值。对于组合导纳 Y 的表达式，推导过程如下：

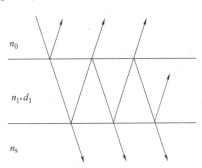

如图 1-5 所示，薄膜上下界面上都有无数次反射，为便于处理，我们归并所有同方向的波，正方向取 + 号，负方向取 − 号。E_{11}^+ 和 E_{12}^+ 是指在界面 1 和 2 上的 E_1^+，符号 E_{12}^-、E_{12}^-、E_{12}^- 和 H_{12}^+ 等具有同样的意义。

现在界面 1，应用 E 和 H 的切向分量界面两侧连续的边界条件写出：

$$E_0 = E_0^+ + E_0^- = E_{11}^+ + E_{11}^- \tag{1-58}$$
$$H_0 = H_0^+ + H_0^- = \eta_1 E_{11}^+ - \eta_1 E_{11}^- \tag{1-59}$$

对于另一界面 2 上具有相同坐标的点，只要改变波的位相因子，就可以确定它们在

图 1-5　单层膜的电场情况

同一瞬时的状况。正向行进的波的位相因子应乘以 $\mathrm{e}^{-i\delta_1}$，而负向行进的波的位相因子应乘以 $\mathrm{e}^{i\delta_1}$。其中

$$\delta_1 = \frac{2\pi}{\lambda} n_1 d_1 \cos\theta_1$$

即

$$E_{12}^+ = E_{11}^+ \mathrm{e}^{-i\delta_1}, \quad E_{12}^- = E_{11}^- \mathrm{e}^{i\delta_1} \tag{1-60}$$

所以

$$E_0 = E_{12}^+ \mathrm{e}^{i\delta_1} + E_{12}^- \mathrm{e}^{-i\delta_1}$$
$$H_0 = \eta_1 \mathrm{e}^{i\delta_1} E_{12}^+ - \eta_1 \mathrm{e}^{-i\delta_1} E_{12}^- \tag{1-61}$$

这可用矩阵的形式写成

$$\begin{bmatrix} E_0 \\ H_0 \end{bmatrix} = \begin{bmatrix} \mathrm{e}^{i\delta_1} & \mathrm{e}^{-i\delta_1} \\ \eta_1 \mathrm{e}^{i\delta_1} & -\eta_1 \mathrm{e}^{-i\delta_1} \end{bmatrix} \begin{bmatrix} E_{12}^+ \\ E_{12}^- \end{bmatrix} \tag{1-62}$$

在基片中没有负向行进的波，于是在界面 2 应用边界条件可以写成

$$E_2 = E_{12}^+ + E_{12}^- \tag{1-63}$$
$$H_2 = \eta_1 E_{12}^+ - \eta_1 E_{12}^-$$

因此

$$E_{12}^+ = \frac{1}{2}E_2 + \frac{1}{2\eta_1}H_2$$

$$E_{12}^- = \frac{1}{2}E_2 - \frac{1}{2\eta_1}H_2 \qquad (1\text{-}64)$$

写成矩阵形式为

$$\begin{bmatrix} E_{12}^+ \\ E_{12}^- \end{bmatrix} = \begin{bmatrix} \dfrac{1}{2} & \dfrac{1}{2\eta_1} \\ \dfrac{1}{2} & -\dfrac{1}{2\eta_1} \end{bmatrix} \begin{bmatrix} E_2 \\ H_2 \end{bmatrix} \qquad (1\text{-}65)$$

将此式代入式（1-62），得

$$\begin{bmatrix} E_0 \\ H_0 \end{bmatrix} = \begin{bmatrix} e^{i\delta_1} & e^{-i\delta_1} \\ \eta_1 e^{i\delta_1} & -\eta_1 e^{-i\delta_1} \end{bmatrix} \begin{bmatrix} \dfrac{1}{2} & \dfrac{1}{2\eta_1} \\ \dfrac{1}{2} & -\dfrac{1}{2\eta_1} \end{bmatrix} \begin{bmatrix} E_2 \\ H_2 \end{bmatrix} \qquad (1\text{-}66)$$

$$= \begin{bmatrix} \cos\delta_1 & \dfrac{i}{\eta_1}\sin\delta_1 \\ i\eta_1\sin\delta_1 & \cos\delta_1 \end{bmatrix} \begin{bmatrix} E_2 \\ H_2 \end{bmatrix}$$

因为，E 和 H 的切向分量在界面两侧是连续的，而且由于在基片中仅有一正向行进的波，所以式（1-65）就把入射界面的 E 和 H 的切向分量与透过最后界面的 E 和 H 的切向分量联系起来。又因为

$$H_0 = YE_0$$

$$H_2 = \eta_2 E_2 \qquad (1\text{-}67)$$

于是式（1-66）可以写成

$$E_0 \begin{bmatrix} 1 \\ Y \end{bmatrix} = \begin{bmatrix} \cos\delta_1 & \dfrac{i}{\eta_1}\sin\delta_1 \\ i\eta_1\sin\delta_1 & \cos\delta_1 \end{bmatrix} \begin{bmatrix} 1 \\ \eta_2 \end{bmatrix} E_2 \qquad (1\text{-}68)$$

令

$$\begin{bmatrix} B \\ C \end{bmatrix} = \begin{bmatrix} \cos\delta_1 & \dfrac{i}{\eta_1}\sin\delta_1 \\ i\eta_1\sin\delta_1 & \cos\delta_1 \end{bmatrix} \begin{bmatrix} 1 \\ \eta_2 \end{bmatrix} \qquad (1\text{-}69)$$

矩阵 $\begin{bmatrix} \cos\delta_1 & \dfrac{i}{\eta_1}\sin\delta_1 \\ i\eta_1\sin\delta_1 & \cos\delta_1 \end{bmatrix} \qquad (1\text{-}70)$

称为薄膜的特征矩阵。它包含了薄膜的全部有用的参数。其中 $\delta_1 = \dfrac{2\pi}{\lambda}n_1d_1\cos\theta_1$；对 p⁻分量，$\eta_1 = n_1/\cos\theta_1$，而对 s⁻分量，$\eta_1 = n_1\cos\theta_1$。后面将会看到，在分析薄膜特性时，这一矩阵式非常有用的。

矩阵 $\begin{bmatrix} B \\ C \end{bmatrix}$ 定义为基片和薄膜组合的特征矩阵。显然，由

$$Y = C/B \tag{1-71}$$

得

$$Y = \frac{\eta_2\cos\delta_1 + i\eta_1\cos\delta_1}{\cos\delta_1 + i(\eta_2/\eta_1)\,\sin\delta_1} \tag{1-72}$$

故振幅反射系数为

$$r = \frac{\eta_0 - Y}{\eta_0 + Y} = \frac{(\eta_0 - \eta_2)\,\cos\delta_1 + i(\eta_0\eta_2/\eta_1 - \eta_1)\,\sin\delta_1}{(\eta_0 + \eta_2)\,\cos\delta_1 + i(\eta_0\eta_2/\eta_1 + \eta_1)\,\sin\delta_1} \tag{1-73}$$

能量反射率为

$$R = rr^* = \frac{(\eta_0 - \eta_2)^2\cos^2\delta_1 + (\eta_0\eta_2/\eta_1 - \eta_1)^2\sin^2\delta_1}{(\eta_0 + \eta_2)^2\cos^2\delta_1 + (\eta_0\eta_2/\eta_1 + \eta_1)^2\sin^2\delta_1} \tag{1-74}$$

由 $\begin{bmatrix} B \\ C \end{bmatrix}$ 矩阵的表达式可以知道，当薄膜的有效光学厚度为 1/4 波长的整数倍时，即

$$nd\cos\theta = m\frac{\lambda_0}{4} \tag{1-75}$$

或其位相厚度为 $\dfrac{\pi}{2}$ 的整数倍，即

$$\delta = \frac{2\pi}{\lambda_0} \cdot nd\cos\theta = m\frac{\pi}{2} \tag{1-76}$$

$$(m = 1,\ 2,\ 3,\ \cdots)$$

在参考波长处会出现一系列的极值。

对于厚度为 $\lambda_0/4$ 奇数倍，即 $m = 1,\ 3,\ 5,\ \cdots$ 的情形，有

$$\begin{bmatrix} B \\ C \end{bmatrix} = \begin{bmatrix} 0 & \pm i/\eta_1 \\ \pm i\eta_1 & 0 \end{bmatrix} \begin{bmatrix} 1 \\ \eta_s \end{bmatrix} \tag{1-77}$$

$Y = C/B = \eta_1^2/\eta_s$，这通常称为四分之一波长法则。

$$R_{\text{ext}} = [\,(\eta_0 - \eta_1^2/\eta_s)/(\eta_0 + \eta_1^2/\eta_s)\,]^2 \tag{1-78}$$

而对于厚度为 $\lambda_0/4$ 偶数倍，即 $m = 2,\ 4,\ 6,\ \cdots$ 的情形，有

$$\begin{bmatrix} B \\ C \end{bmatrix} = \begin{bmatrix} \pm 1 & 0 \\ 0 & \pm 1 \end{bmatrix} \begin{bmatrix} 1 \\ \eta_s \end{bmatrix} \tag{1-79}$$

$$Y = C/B = \eta_s \tag{1-80}$$

$$R_{ext} = [(\eta_0 - \eta_s) / (\eta_0 + \eta_s)]^2 \tag{1-81}$$

在参考波长 λ_0 处，它对于膜系的反射或透射特性没有任何影响，因此被称为"虚设层"。当然在其他波长上，薄膜的特征矩阵不再是单位矩阵，对膜系的特性是具有影响的。因而，半波长厚度的虚设层通常用于平滑膜系的分光特性。当厚度为 1/4 波长的奇数倍时，反射率是极大还是极小，视薄膜的折射率是大于还是小于基片的折射率而定。当膜的光学厚度取 $\lambda_0/2$ 的整数倍时，反射率也是极值，且视它们的折射率而定，只是情况恰巧相反。这些结果表示在图 1-6 上。

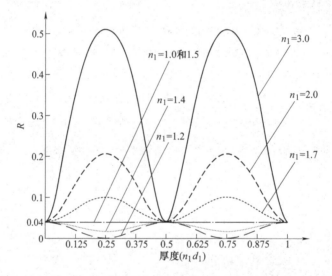

图 1-6　单层介质膜的反射率随其光学厚度的变化关系

膜的折射率为 n_1，$n_0 = 1.0$，$n_2 = 1.5$，入射角 $\theta_0 = 0°$。由于 1/4 波长厚度的薄膜在多层膜设计中用得非常广泛，因而有一些简便的速写符号。

1.2　光学薄膜设计

1.2.1　增透膜的设计

20 世纪 30 年代发现的增透膜促进了薄膜光学的早期发展。对于推动光学技术发展来说，在所有的光学薄膜中，增透膜起着最重要的作用。直至今天，就其生产的总量来说，它仍然超过所有其他类型的薄膜。因此，研究增透膜的设计和制备技术，对于生产实践有着重要的意义。

1. 单层增透膜

最简单的增透膜，是在玻璃表面上镀一层低折射率的薄膜，如图 1-7 所示。

在界面 1 和 2 上的振幅反射系数 r_1 和 r_2 为

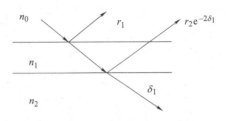

$$r_1 = \frac{n_0 - n_1}{n_0 + n_1}, \quad r_2 = \frac{n_1 - n_2}{n_1 + n_2} \quad (1-82)$$

图 1-7 单层减反射膜矢量图

从矢量图上可以看到，合振幅矢量随着 r_1 和 r_2 之间的夹角 $2\delta_1$ 而变化，合矢量端点的轨迹为一圆周。当膜层的光学厚度为某一波长的 1/4 时，则两个矢量的方向完全相反，合矢量成为最小

$$r = |r_1 - r_2|, \quad R = r^2 \quad (1-83)$$

这时如果矢量的模相等，即 $|r_1| = |r_2|$，则对该波长而言，两个矢量将完全抵消，出现零反射率。

欲使 $|r_1| = |r_2|$，必须使

$$\frac{n_0 - n_1}{n_0 + n_1} = \frac{n_1 - n_2}{n_1 + n_2} \quad (1-84)$$

即 $n_1 = \sqrt{n_0 n_2}$，如 $n_0 = 1$，则 $n_1 = \sqrt{n_2}$。

因此，理想的单层增透膜的条件是，膜层的光学厚度为 1/4 波长，其折射率为入射介质和基片折射率的乘积的二次方根。

单层增透膜的出现，在历史上是一个重大的进展，直至今天仍被广泛地用来满足一些简单的用途。但是它存在两个主要的缺陷：首先，对大多数应用来说，剩余反射还显得太高；此外，从未镀膜表面反射的光线，在色彩上仍保持中性，而从镀膜表面反射的光线破坏了色的平衡。作为变焦距镜头、超广角镜头和大相对孔径等复杂的透镜系统中的增透镀层，是不能符合要求的。

基本上有两个途径可以提高单层膜的性能，即或者采用变折射率的所谓非均匀膜，它的折射率随着厚度的增加呈连续的变化，或者采用几种折射率不同的均匀膜构成增透膜，即所谓多层增透膜。

在玻璃表面上，可用化学蚀刻方法制备折射率连续变化的耐久的增透膜。在波长 0.35~2.5μm 范围内，能有效地消除玻璃表面的反射，使反射率从 8% 左右（两个表面）减少到小于 0.5%。这种方法是利用了碱性硼硅酸盐中的相分离现象，采用合理的热处理条件，碱性硼硅酸盐相应地分离成两个玻璃相。在一个

相中，二氧化硅浓度高达96%左右，即不溶解的浓二氧化硅相；在另一个相中，氧化硼浓度较高，即可溶解的低二氧化硅相。这个可溶解的相，用许多材料（包括大多数无机酸）能够很容易地溶解，留下二氧化硅含量高的相作为多孔骨架的表面薄膜。由于这种薄膜的多孔性和毛细孔尺寸小（半径小于4.0nm），所以其有效折射率比凝聚的二氧化硅薄膜的折射率低得多。这种多孔薄膜的折射率梯度，在利用相分离方法和化学蚀刻方法时是容易控制的。利用这种独特的技术制备的微孔性薄膜，不仅在宽光谱范围内有低的反射率，而且具有惊人的耐久力。这种薄膜在太阳能的应用中是有价值的，在高能量应用（如激光）中也颇有潜力。

2. 双层增透膜

对于高透射要求增透膜来说，使用任何一种基片以及常见的中红外薄膜材料，均很难达到接近100%透射率的要求。为此，我们可以在折射率为 n_g 的基片上镀一层 $\lambda_0/4$ 厚、折射率为 n_2 的薄膜，这时对于波长 λ_0 来说，薄膜和基片组合的系统可以用折射率为 $Y = n_2{}^2/n_g$ 的假想基片来等价。显然，当 $n_2 > n_g$ 时，有 $Y > n_g$。也就是说，在玻璃基片上先镀一层高折射率的 $\lambda_0/4$ 厚的膜层后，基片的折射率从 n_g 提高到 n_2^2/n_g，然后再镀上 $\lambda_0/4$ 厚的低折射率膜层，就能起到更好的增透效果。

从上面的讨论可以知道，在限定两层膜的厚度都是 $\lambda_0/4$ 的前提下，欲使波长 λ_0 的反射光减至零，它们的折射率应满足如下关系：

$$n_1 = \sqrt{Yn_0} = \sqrt{(n_2^2/n_g)n_0} \tag{1-85}$$

或

$$n_2 = n_1\sqrt{n_g/n_0} \tag{1-86}$$

如果外层膜确定用折射率为1.38的氟化镁，则内层膜的折射率取决于基片材料。当 $n_g = 1.52$ 时，有 $n_2 = 1.70$；当 $n_g = 1.60$ 时，有 $n_2 = 1.75$。但是，能用于镀膜的材料是有限的，因而折射率的选择也受到了很大的限制。这时我们也可以先确定能够实现的两层膜的折射率，然后通过调整膜层厚度实现零反射。确定膜层厚度的一个方便可行的方法是矢量法。

图1-8所示，n_0 和 n_g 分别为入射介质和基片的折射率。n_1 和 n_2 为折射率已确定的低折射率和高折射率材料的膜层，δ_1 和 δ_2 便是特定的膜层位相厚度，以使波长 λ_0 的反射光能减至零。已知各界面上的振幅反射系数分别为

$$r_1 = \frac{n_0 - n_1}{n_0 + n_1}（通常 r_1 < 0） \tag{1-87}$$

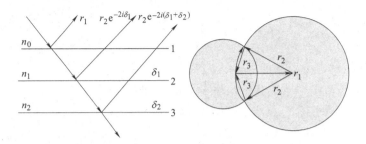

图 1-8　矢量法确定双层增透膜厚度的图解

$$r_2 = \frac{n_1 - n_2}{n_1 + n_2}(r_2 < 0) \tag{1-88}$$

$$r_3 = \frac{n_2 - n_g}{n_2 + n_g}(r_3 > 0) \tag{1-89}$$

只有当矢量模 r_1、r_2、r_3 以及其幅角组成封闭三角形，才能使合矢量为零。因此，只需以 r_1 的始点和终点为圆心，分别以 r_2 和 r_3 为半径作两个圆，两个圆的交点就是满足合矢量为零这一条件的 r_2 和 r_3 头尾相接的点，然后从矢量图上即可量得 $2\delta_1$ 和 $2\delta_2$ 的值。

根据以上设计思想，求解 δ_1 和 δ_2，则可以确定双层增透膜的膜系。

对于双层减反膜系，若不考虑膜层的吸收，设计的双层增透膜在参考波长处的透射率可达 100%。

双层增透膜的减反射性能比单层增透膜要优越得多。但它并没有克服单层增透膜的上述两个主要缺陷，尤其是对于冕牌玻璃更是如此。

3. 多层增透膜

正如上面所说的，双层增透膜的特性比单层膜要优越得多。但是，在许多应用例子里，即使是一个理想的双层膜，还是会形成过大的反射率或不适宜的光谱带宽度。因此，在这些例子中都要用三层或者更多层的增透膜。许多多层增透膜是由 1/4 波长层或半波长层构成的，可以看作是 $\lambda_0/4$-$\lambda_0/2$ W 型膜和 $\lambda_0/4$-$\lambda_0/4$ V 型膜的改进形式。

$\lambda_0/4$-$\lambda_0/2$ W 型膜在低反射区的中央有一个反射率的凸峰，它相应于单层减反射膜的反射率极小值。为了降低这个反射率的凸峰，又要保持半波长层的光滑光谱特性，可以将半波长层分成折射率稍稍不同的两个 1/4 波长层。例如，对于下面所示的一个结构

| 1.0 | 1.38 | 1.90 | 1.52 |

$$\left|\begin{array}{c|c} \dfrac{\lambda_0}{4} & \dfrac{\lambda_0}{2} \end{array}\right|$$

可以改变成

$$1.0 \left|\begin{array}{c|c|c} 1.38 & 2.0 & 1.90 \\ \dfrac{\lambda_0}{4} & \dfrac{\lambda_0}{4} & \dfrac{\lambda_0}{4} \end{array}\right| 1.52$$

于是在参考波长 λ_0 处的反射率由 1.26% 减少至 0.38%，当然，低反射区的宽度也显著地减小了。

为了增加低反射区的宽度，可以在基底上附加一层低折射率的半波长层，也可以在双层 V 型膜的基础上构造多层增透膜，例如，在 $\lambda_0/4$-$\lambda_0/4$ V 型膜的中间插入半波长的光滑层，可以得到典型的 $\lambda_0/4$-$\lambda_0/2$-$\lambda_0/4$ 三层增透膜结构。

总的说来，多层组合的各个参数对反射特性的影响可归纳为：调节间隔层的厚度，即变化 $|\pi-\theta|$ 曲线的位置和形状，可以使反射率极小值移到不同的波数位置上。改变第一层或第二层的厚度，可以使 R_1 曲线相对于 R_2 做水平移动，其结果就是改变低反射光谱的宽度以及反射率 R；利用不同的折射率值 n_1 和 n_3，可以使 R_1 和 R_2 曲线做相对的垂直移动。

1.2.2　高反膜的设计

反射膜在光学薄膜中有着重要的地位。近年来，随着 LED 和激光器行业的快速发展，市场对于高反射薄膜的要求越来越高。普遍要求高反膜具有更高的反射率、更小的吸收率以及更低的散射损耗。相比于吸收率比较大的金属膜，介质高反膜无疑具有更好的光学特性。

对于光学仪器中的反射镜来说，单纯金属膜的特性已能满足常用要求，在某些应用中，若要求的反射率高于金属膜所能达到的数值，则可以在金属膜上加镀额外的介质层，以提高它们的反射率，我们可以称为金属增强型高反膜。为了得到更高抗激光损伤阈值的薄膜，介质增强型金属膜很难达到要求，这是因为金属膜的吸收率比较大，很容易被高能激光损坏，这就需要镀制全介质高反膜，由于这种介质高反膜具有最大的反射率和最小的吸收率，因而在光学薄膜的制备中得到了广泛应用。全介质高反膜的设计方法如下：

在折射率为 n_g 的基片上镀以光学厚度为 $\lambda_0/4$ 的高折射率（n_1）的膜层后，由于空气/膜层和膜层/基片界面的反射光同位相，使反射率大大增加。对于中心波长 λ_0 单层膜和基片组合的导纳为 n_1^2/n_g，垂直入射的反射率为

$$R = \left(\frac{n_0 - n_1^2/n_g}{n_0 + n_1^2/n_g} \right)^2 \qquad (1\text{-}90)$$

用高、低折射率交替的每层 $\lambda_0/4$ 厚的介质多层膜能够得到更高的反射率。这是因为从膜系所有界面上反射的光束，当它们回到前表面时具有相同位相，从而产生相长干涉。对这样一组介质膜系，在理论上可望得到接近于 100% 的反射率。

如果用 n_H 和 n_L 表示高、低折射率膜层的折射率，并使介质膜系两边的最外层为高折射率层，其每层的厚度均为 $\lambda_0/4$，则对于中心波长 λ_0 有

$$Y = \left(\frac{n_H}{n_L} \right)^{2S} \frac{n_H^2}{n_g} \qquad (1\text{-}91)$$

式中，n_g 是基片的折射率；$2S+1$ 是多层膜的层数。因而，当光在空气中垂直入射时，中心波长 λ_0 的反射率，也即极大值的反射率为

$$R = \left[\frac{1 - (n_H/n_L)^{2S}(n_H^2/n_g)}{1 + (n_H/n_L)^{2S}(n_H^2/n_g)} \right]^2 \qquad (1\text{-}92)$$

n_H/n_L 的值越大或层数越多，则反射率越高，如果

$$(n_H/n_L)^{2S}(n_H^2/n_g) \gg 1 \qquad (1\text{-}93)$$

则

$$R \approx 1 - 4(n_L/n_H)^{2S}(n_g^2/n_H)$$
$$T \approx 4(n_L/n_H)^{2S}(n_g^2/n_H) \qquad (1\text{-}94)$$

这说明，当膜系的反射率很高时，额外加镀两层将使膜系的透射率缩小 $(n_L/n_H)^2$ 倍。理论上只要增加膜系的层数，反射率可无限地接近 100%。实际上由于膜层中的吸收、散射损耗，当膜系达到一定的层数时，继续加镀两层并不能提高其反射率，相反由于吸收、散射损耗的增加，而使反射率下降。因此，膜系中的吸收和散射损耗限制了介质膜系的最大层数，在设计膜系时要综合考虑吸收和散射带来的影响。

对于高反膜的设计，一般应用多层规整膜系就能满足实际要求。图 1-9 为设计的膜系 G/(HL)^{14}H/AIR 的理论反射率曲线，平均理论反射率可以达 99.99% 以上。

但实际镀制的薄膜，尤其是常规热蒸发下制备的光学薄膜会存在一定的吸收，消光系数不可忽略，因此在薄膜设计中为了得到更优膜系，需要引入薄膜消光系数。引入消光系数后设计的膜系 G/(HL)^{14}H/AIR 的理论反射率及吸收率曲线如图 1-10 所示，可见实际反射率有所下降。

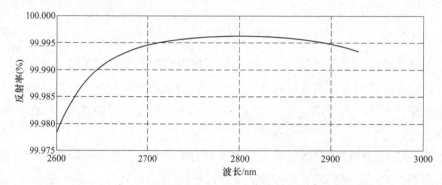

图 1-9   膜系 $G/(HL)^{14}H/AIR$ 的理论反射率及吸收率曲线

（未考虑消光系数）

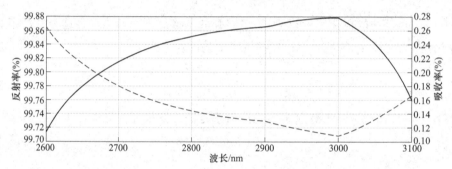

图 1-10   膜系 $G/(HL)^{14}H/AIR$ 的理论反射率及吸收率曲线（考虑消光系数）

1.2.3   分光膜的设计

在一定的波长区域内反射率几乎不变的薄膜或薄膜组合，都可以起中性分光的作用。常用的有金属分光膜和介质分光膜。

分束镜通常总是倾斜着使用，它能方便地把入射光分离成反射光和透射光两部分。如果反射光和透射光有不同的光谱成分，或者说有不同的颜色，这种分束镜通常被称为二向色镜。本节着重介绍的是中性分束镜，它把一束光分成光谱成分相同的两束光，即它在一定的波长区域内，如可见光区域内，对各波长具有相同的透射率和反射率比，因而，反射光和透射光呈中性。透射率和反射率比为50/50 的中性分束镜最为常用。

常用的中性分束镜有两种结构：一种是把膜层镀在透明的平板上，如图 1-11a所示；另一种是把膜层镀在 45° 的直角棱镜斜面上，再胶合一个同样形状的棱镜，构成胶合立方体，如图 1-11b 所示。平板分束镜，由于不可避免的象散，通常应用在中、低级光学装置上。对于性能要求较高的光学系统，可以采用棱镜分束镜。胶合立方体分束镜的优点是，在仪器中装调方便，而且由于膜层不是暴露在空气中，不易损坏和腐蚀，因而对膜层材料的力学性能、化学稳定性要求较低。但是，胶合立方体分束镜的偏振效应较大也是显而易见的。

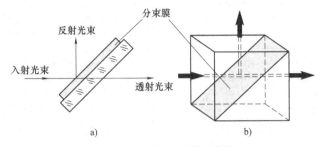

图 1-11　两种分束镜的结构

1. 金属分光膜

（1）金属分光膜的特点　金属分光膜的吸收损耗较大，偏振度较小，分光效率较低，但制备较为简单。由于膜层中存在吸收，金属分光膜的反射率和入射光的方向有关。因此，金属分光镜的正确安装是必须要注意的。

（2）金属分光膜的部分常用材料

银（Ag）作为吸收系数最小的金属在金属分光镜中得到应用。但是银的机械强度差，且暴露在空气中容易硫化而发黑。因此，镀银的金属分光镜常胶合在棱镜中使用。

相对而言，应用更加广泛的是金属铬（Cr）。铬的力学性能和光学稳定性都非常好，与基底结合得非常牢固。它的中性程度也较为良好，分光曲线比较平坦。

此外，铑（Rh）、铂（Pt）等也有较为平坦的分光特性。

2. 介质分光膜

（1）介质分光膜的特点

介质分光膜与金属分光膜相比，其吸收小到可以忽略，因此分光效率高。但是介质分光膜的偏振效应较大，对波长较为敏感，而且要得到分光效率高的介质分光膜，需要在基底上多镀几层膜。

（2）介质分光膜的部分常用材料

常用于介质分光膜的低折射率材料有：二氧化硅和氟化镁；高折射率材料有：硫化锌、二氧化钛、氧化锆等。

（3）单层介质分光膜

在透明基底上镀一层厚度为 $\lambda_0/4$ 的高折射率的介质薄膜，就能增加反射率，减小透射率，从而达到分光的效果。由于分光镜通常总是倾斜使用的，因此，分光膜的特性会受到入射角度的影响，如图 1-12 所示。

（4）多层介质分光膜

通常我们要求透射率和反射率比为 50/50 的中性分光镜，从图 1-12 可知，单层

19

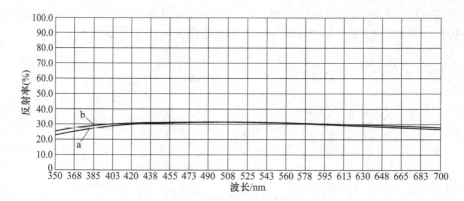

图 1-12　不同入射角度下单层介质分光膜的反射率曲线

曲线 a：$n_0 = 1.0$；$n_H = 2.35$；$n_g = 1.52$；$\theta = 0°$；$\lambda_0 = 500\text{nm}$

曲线 b：$n_0 = 1.0$；$n_H = 2.35$；$n_g = 1.52$；$\theta = 45°$；$\lambda_0 = 500\text{nm}$

膜的分光效率还达不到要求，它只适合反射率要求较低的场合，因此必须要用到更多的膜层。常用的中性分光镜有两种：一种是平板分光镜，一种是棱镜分光镜。两者的入射光所在的介质不同，因此获得最大反射率的膜层的几何厚度也不同。

1）平板分光镜　对于平板分光镜，入射介质通常为空气，可采用的膜系为 G丨HLHL丨A 或 G丨2LHLHL丨A，这里的 2L 同样起到平滑光谱曲线的作用。若采用二氧化钛和二氧化硅作为高、低折射率材料，则上述膜系的反射率曲线如图 1-13 所示。

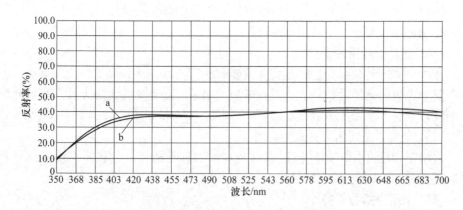

图 1-13　平板分光镜的反射率曲线

曲线 a：G丨2LHLHL丨A；$n_0 = 1.0$；$n_H = 2.3$；$n_L = 1.46$；$n_g = 1.52$；$\theta = 45°$；$\lambda_0 = 560\text{nm}$

曲线 b：G丨HLHL丨A；$n_0 = 1.0$；$n_H = 2.3$；$n_L = 1.46$；$n_g = 1.52$；$\theta = 45°$；$\lambda_0 = 560\text{nm}$

2）棱镜分光镜　对于棱镜分光镜，入射介质通常是玻璃，这时，单层 $\lambda_0/4$ 的高折射率薄膜的反射率比平板分光镜的更低。如图 1-14 所示，是分别镀制在平板分光镜和棱镜分光镜中的单层硫化锌薄膜反射率曲线。

由图 1-14 可知，对于棱镜分光镜，要达到同样分光效果需要采用更多的膜层。常用的膜系为 G｜HLHL2H｜G、G｜L HLHL 2H｜G、G｜2L HLH 2L｜G 等。若采用二氧化钛和二氧化硅作为高、低折射率材料，则上述膜系的反射率曲线如图 1-15 所示。

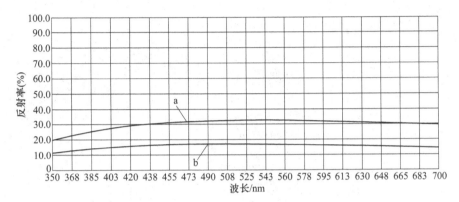

图 1-14 平板和棱镜分光镜中的单层薄膜反射率曲线

曲线 a：$n_0 = 1.0$；$n_H = 2.35$；$n_g = 1.52$；$\theta = 45°$；$\lambda_0 = 560nm$

曲线 b：$n_0 = 1.52$；$n_H = 2.35$；$n_g = 1.52$；$\theta = 45°$；$\lambda_0 = 560nm$

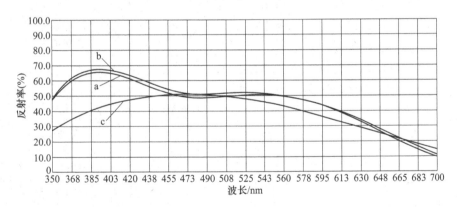

图 1-15 棱镜分光镜的反射率曲线

曲线 a：G｜HLHL2H｜G；$n_0 = 1.52$；$n_H = 2.3$；$n_L = 1.46$；$n_g = 1.52$；$\theta = 45°$；$\lambda_0 = 510nm$

曲线 b：G｜L HLHL 2H｜G；$n_0 = 1.52$；$n_H = 2.3$；$n_L = 1.46$；$n_g = 1.52$；$\theta = 45°$；$\lambda_0 = 510nm$

曲线 c：G｜2L HLH 2L｜G；$n_0 = 1.52$；$n_H = 2.3$；$n_L = 1.46$；$n_g = 1.52$；$\theta = 45°$；$\lambda_0 = 510nm$

1.2.4 干涉滤光片

要求某一波长范围的光束高透射，而偏离这一波长区域的光束骤然变化为高反射（或称抑制）的干涉截止滤光片有着广泛的应用。通常我们把抑制短波区、透射长波区的滤光片称为长波通滤光片。相反，抑制长波区、透射短波区的截止滤光片称为短波通滤光片。

图 1-16 和图 1-17 分别表示长波通和短波通滤光片的典型特性。滤光片的特性通常由下列参数确定：

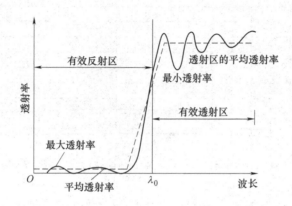

图 1-16　长波通滤光片的典型特性

1) 透射曲线开始上升（或下降）时的波长，以及此曲线上升（或下降）的许可斜率。

2) 高透射带的光谱宽度、平均透射率以及在此透射带内许可的最小透射率。

3) 反射带（或称抑制带）的光谱宽度以及在此范围内所许可的最大透射率。

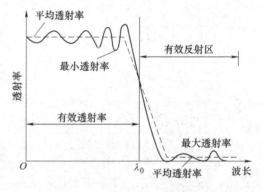

图 1-17　短波通滤光片的典型特性

1. 主要参数

1) 截止波长 λ_c：通常是指截止区附近其透射率为 5% 的波长；

2) 陡度 S：表示由透光区到不透光区变化的快慢；

3) 截止区及透射区的波长范围；

4) 截止区及透射区的平均透射率和最小透射率。

2. 短波通滤光片的设计

现通过举例说明短波通滤光片的基本设计思路及设计步骤，并可类似得到长波通滤光片的设计方法：

设计要求：波长 380~700nm，$T>90\%$；

波长 750~850nm，$R>99\%$。

（1）选取基础膜系　短波通滤光片的基础膜系为 $(0.5L \ H \ 0.5L)^{s}$。其中，H 代表高折射率材料，L 代表低折射率材料。

（2）选取合适的高、低折射率材料　从膜系结构可以看出，短波通滤光片也是由高、低折射率材料交替镀制而成。和高反射膜类似，常用的高折射率材料有：二氧化钛、二氧化锆、硫化锌、五氧化二钽等。常用的低折射率材料有：二氧化硅和氟化镱（YbF_3），氟化镁材料由于张应力而不适合用于多层膜中。

与高反射膜相同的是，滤光片截止带的宽度仅由高、低材料的折射率比值决定，这个比值越大，则截止带越宽，斜率也越陡。

综合考虑下，选取氧化钛（TiO_2）作为高折射率材料，二氧化硅（SiO_2）作为低折射率材料。

（3）根据设计要求初步确定膜系的层数　滤光片的周期 S 越大，则截止区的透射率越小，斜率的陡度越大。根据设计要求我们暂时选择 $S=8$ 进行初步的膜系设计。

（4）膜系的初始设计　由以上几个步骤，初始的膜系结构为 $(0.5L \ H \ 0.5L)^{s}$，其中，H 代表高折射率材料 TiO_2，L 代表低折射率材料 SiO_2，得到透射率曲线如图 1-18 中曲线 a 所示，设计波长为 820nm。

从设计的曲线 a 中可以看到，波长 690nm 以后曲线开始下降，不符合设计要求，此时，采用增加膜系周期数的方法增大曲线陡度。周期数 S 增为 11，得到透射率曲线如图 1-18 中曲线 b 所示。

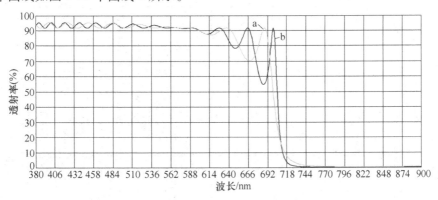

图 1-18　短波通截止滤光片透射率曲线

曲线 a：G | $(0.5L \ H \ 0.5L)^{8}$ | G；$n_0=1.52$；$n_H=2.3$；$n_L=1.46$；$n_g=1.52$；$\lambda_0=820nm$

曲线 b：G | $(0.5L \ H \ 0.5L)^{11}$ | G；$n_0=1.52$；$n_H=2.3$；$n_L=1.46$；$n_g=1.52$；$\lambda_0=820nm$

（5）膜系的优化　从图 1-18 中可知，透射带中的波纹严重影响了薄膜的透射性质，使其达不到设计要求。此时可利用计算机的优化功能，即通过改变膜层厚度使透射带的透射率提高，通常优化靠近空气与基底的几个敏感层。优化后的透射率曲线如图 1-19 所示。

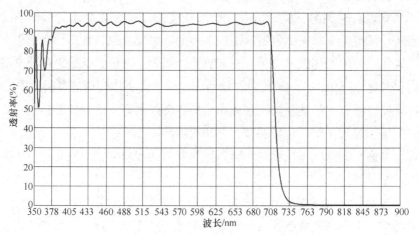

图 1-19　优化后的短波通滤光片透射率曲线

3. 长波通滤光片的设计

长波通滤光片的基础膜系为 $(0.5H \, L \, 0.5H)^s$，其中，H 代表高折射率材料，L 代表低折射率材料。按照前面介绍的短波通滤光片的设计方法，设计要求为波长 $400 \sim 500nm$，$R > 99\%$；波长 $550 \sim 850nm$，$T > 90\%$。长波通滤光片的透射率曲线如图 1-20 所示。

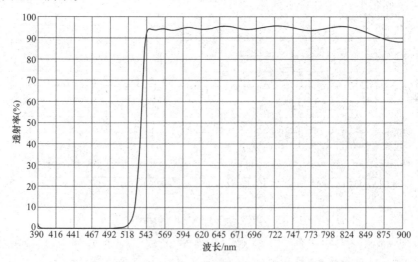

图 1-20　长波通滤光片的透射率曲线

4. 带通滤光片的设计

带通滤光片是指某波段内透射率很高而其两旁透射率很低的滤光片。

（1）主要参数

1）λ_0：通带的中心波长；

2）T_{max}：中心波长处的透射率，也称峰值透射率；

3）半宽度 $2\Delta\lambda$：透射率为峰值透射率一半的波长宽度。

（2）宽带滤光片　宽带滤光片是相对于窄带滤光片而言的，两者之间并没有严格的界限。宽带滤光片可以很容易地通过在基板两边一面镀长波通滤光片，一面镀短波通滤光片来完成。其半宽度值及中心波长可以依据需要通过调整长波通与短波通的监控波长获得。

大部分的情况是将长波通和短波通都镀在基板的同一边，如图 1-21 所示。

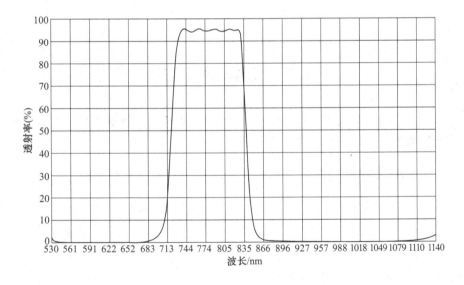

图 1-21　宽带滤光片的透射率曲线

（3）窄带滤光片　以长波通与短波通滤光片合成来做窄带滤光片是非常难的工作，因为在镀制时，截止波长、中心波长和半宽值都很难控制。

图 1-22 给出了窄带滤光片的透射率曲线，其膜系结构为 LHLH 8L HLHL H LHLH 8L HLH；其中，8L 称为滤光片的间隔层，中间的 H 层为耦合层，LHLH 构成几个反射膜。类似的结构还有：G | L (LHL)^S | A；G | LH (HLHLH)^S H | A；G | LHL (LHLHLHL)^S LH | A 等。

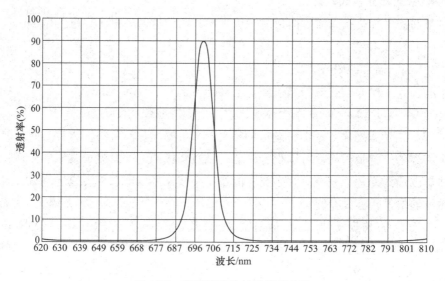

图 1-22　窄带滤光片的透射率曲线

1.3　光学薄膜材料

目前，可供使用的光学薄膜材料虽已不下百余种，然而就其光学、机械和化学性能全面考虑，真正合适的材料却并不多。

1.3.1　金属薄膜材料

铝（Al）、银（Ag）、金（Au）等是应用很广的几种金属薄膜材料。它们具有反射率高、截止带宽、中性好和偏振效应小等优点。缺点是它们的吸收稍大，机械强度较低。

不透明金属膜在空气中垂直入射时的反射率：

$$R = \left(\frac{1-(n-ik)}{1+(n-ik)} \right)^2 = \frac{(1-n)^2+k^2}{(1+n)^2+k^2} \tag{1-95}$$

式中，$n-ik$ 是金属膜的复折射率；n 和 k 分别称作折射率和消光系数。

表 1-1 列出了几种常用金属膜的复折射率和由式（1-95）计算的反射率。假如透射率忽略不计，则金属膜的吸收率 $A=1-R$，其中 A 为吸收率，R 为反射率。迄今提供的金属膜的光学常数非常有限，故只能以大块材料的光学常数作为参考。值得指出的是，薄膜中的折射率 n 和消光系数 k 分别低于和高于相同大块材料的折射率和消光系数。

表 1-1 几种常用金属薄膜的光学常数及反射率

Al				Ag				Au				Cu			
$\Lambda/\mu m$	n	k	$R(\%)$	$\Lambda/\mu m$	n	k	$R(\%)$	$\Lambda/\mu m$	n	k	$R(\%)$	$\Lambda/\mu m$	n	k	$R(\%)$
0.122	0.37	0.94	21.5	0.400	0.075	1.93	93.9	0.450	1.40	1.88	39.7	0.450	0.87	2.20	58.2
0.220	0.14	2.35	91.8	0.500	0.050	2.87	97.9	0.500	0.80	1.84	50.4	0.500	0.88	2.42	62.4
0.260	0.19	2.85	92.0	0.600	0.060	3.75	98.4	0.550	0.33	2.32	81.5	0.550	0.76	2.46	66.9
0.300	0.25	3.33	92.1	0.700	0.075	4.62	98.7	0.600	0.20	2.90	91.9	0.600	0.19	2.98	92.8
0.340	0.31	3.80	92.3	0.800	0.090	5.45	98.8	0.700	0.13	3.84	96.7	0.800	0.17	4.84	97.3
0.380	0.37	4.25	92.6	0.950	0.110	6.56	98.9	0.800	0.15	4.65	97.4	1.0	0.20	6.27	98.1
0.436	0.47	4.84	92.7	2.0	0.48	14.4	99.1	0.900	0.17	5.34	97.8	3.0	1.22	7.1	98.4
0.492	0.64	5.50	91.2	4.0	1.89	28.7	99.1	1.0	0.18	6.04	98.1	7.0	5.25	40.7	98.8
0.546	0.82	5.44	91.6	6.0	4.15	42.6	99.1	2.0	0.54	11.2	98.3	10.25	11.0	60.0	98.8
0.650	1.30	7.11	90.7	8.0	7.14	56.1	99.1	4.0	1.49	22.2	98.8	—	—	—	—
0.700	1.55	7.00	88.8	10.0	10.69	69.0	99.1	6.0	3.00	33.0	98.9	—	—	—	—
0.800	1.99	7.05	86.4	12.0	14.50	81.4	99.2	8.0	5.05	43.5	99.0	—	—	—	—
0.950	1.75	8.50	91.2	—	—	—	—	10.0	7.41	53.4	99.0	—	—	—	—
2.0	2.30	16.5	96.8	—	—	—	—	11.0	8.71	58.2	99.0	—	—	—	—
4.0	5.97	30.0	97.5	—	—	—	—	—	—	—	—	—	—	—	—
6.0	11.0	42.2	97.7	—	—	—	—	—	—	—	—	—	—	—	—
8.0	17.0	55.0	98.0	—	—	—	—	—	—	—	—	—	—	—	—
10.0	25.4	67.3	98.0	—	—	—	—	—	—	—	—	—	—	—	—

光波在金属膜中的传播是呈指数衰减的，并可用朗伯定律来描述：

$$E = E_0 e^{-2\pi kd/\lambda} \tag{1-96}$$

式中，E_0 和 E 分别对应于入射光和厚度 d 处的光振幅；k 为金属膜的消光系数。因此，强度为

$$I = I_0 e^{-4\pi kd/\lambda} \tag{1-97}$$

k 越大，透射光强衰减越快，所需的厚度越小。在红外区，由于 k 迅速增大，膜厚仍保持与可见光区相同或者甚至可以更薄。过大的厚度，金属膜的反射率非但不会提高，甚至反而下降，这是因为膜层颗粒度变粗导致散射增加。

金属膜的反射率与其测量方向有关，从空气侧测得的反射率比从玻璃侧测得的要高，而透射率则与测量方向无关。由于 $T+R+A=1$，T、R、A 分别代表透过率、反射率、吸收率，所以基板侧的反射率降低意味着该侧的吸收必然增加。

表1-2列出了几种常用金属膜的光学、力学性能和制备工艺要素。可以看出，金属膜不仅吸收较大，而且膜层牢固性较差。为了缓解这些问题，常用的反射镜设计为 $G|Al_2O_3+Ag+Al_2O_3+SiO_2+TiO_2|A$，其中两层 Al_2O_3 是作为增加 Ag 附着力的过渡层，第二层 Al_2O_3 和 SiO_2 连同 Ag 的位相超前一起合成等效 1/4 波长厚度，其等效折射率为 n_L，1/4 波长 TiO_2 层的折射率为 n_H。该膜系有两个作用：一是降低吸收，设 Ag 在可见光区的吸收为 3%，那么在镀上折射率分别为 n_L 和 n_H 的膜层后，吸收降低了 n_L^2/n_H^2 倍，于是反射率就能提高到接近 99%；二是增加牢固率，SiO_2 和 TiO_2 同时作为保护膜，能够使材质软的 Ag 膜强度显著提高。

表1-2　三种常用金属膜的特性和制备工艺

特　　性		Al	Ag	Au
反射率	紫外区	优	差	差
	可见区	中	优	差
	红外区	接近于 Ag	优	接近于 Ag
硬度		优	差	差
附着力		优	差	差
稳定性		中	差	优
制备工艺		高的真空度	高的真空度	高的真空度
		低基板温度	低基板温度	可高基板温度
		快蒸发	快蒸发	适当蒸发速率

1.3.2　介质和半导体薄膜材料

1. 对材料的基本要求

对介质和半导体光学薄膜材料，以下几个方面的性质是很重要的，即透明度、折射率、机械牢固度和化学稳定性以及抗高能辐射。

（1）透明度　介质和半导体薄膜材料一般在一定的光谱区域是透明的。从能级图上看，介质材料的禁带很宽，价带中的束缚电子不能随意地通过禁带而到达导带，所以它们中的大部分在可见光区及近红外波段都是透明的。半导体材料相对于介质而言，它们的禁带宽度要窄得多，光激发后，价带中的价电子容易进入导带，所以它们的短波吸收限向长波方向移动，一般它们在近红外区和红外区是透明的。

选择材料的原则总是使透明区有尽可能高的透明度，即尽可能小的消光系数。一般地说，高折射率材料在可见光区的消光系数比低折射率材料大 1~2 个数量级，因为高折射率材料的吸收波长限 λ_{c1} 更靠向长波。易分解的氧化物材料（TiO_2、Ta_2O_5 等）的消光系数比常用硫化物和氟化物（ZnS、MgF_2 等）高是材料的化学计量和杂质引起的。就膜层结构来说，多晶薄膜的损耗最大，无定形为其次，单晶为最小。原因是多晶结构导致吸收散射增加。

（2）折射率　折射率是一个非常重要的参数，通常总希望折射率是确定的和可以重复的。薄膜的折射率主要依赖于下面几个因素：

材料种类：材料的折射率，是由它的价电子在电场作用下的性质决定的。材料的介电常数用 ε 表示，有

$$\varepsilon = 1 + 4\pi Na \tag{1-98}$$

式中，N 和 a 分别为极化分子数和极化率。对各向同性材料，折射率为

$$N = \sqrt{\varepsilon} \tag{1-99}$$

若材料外层价电子很容易极化，则其折射率一定很高。随着元素原子量的增加，原子核中正电荷对外层电子的作用也被屏蔽得更厉害，结果表现为禁带宽度变窄而折射率增大。

对化合物，电子键结合的化合物要比离子键的折射率高。因为电子键化合物的离子性小，易于极化。同时折射率还随构成这些化合物元素的原子量或正离子价态的增大而提高，因为外层电子处于较松散的束缚状态，故离子性较弱。

综上所述，折射率大致按下列次序递增：卤化物、氧化物、硫化物和半导体材料。

波长：折射率因波长而异的现象称为色散，即 $n = f(\lambda)$。当折射率随波长增加而单调减小时称为正常色散；反之，称反常色散。正常色散位于透明区，而反常色散位于吸收带内。在电子论中把光的色散归结为材料原子中的电子在光波电场作用下发生迁移所致。因原子的偶极矩与原子中的电子的振动频率有关，后者取决于入射光波的频率 ω，故介电常数或折射率是入射光波频率的函数

$$\varepsilon = n^2 = \frac{4\pi N_0 e^2}{m_e(\omega_0^2 - \omega^2)} + 1 \tag{1-100}$$

式中，N_0 是单位体积材料的原子振子数；ω_0 是电子固有频率；m_e 和 e 为电子质量和电荷量。在正常色散范围内，频率越大，波长越短，则 n 越大。

表示折射率和波长的关系通常有三种色散方程，即

塞尔缪（Sellmeir）方程：$n^2 = A + \dfrac{B}{\lambda^2}$。

科契（Cauchy）方程：$n = A + B/\lambda^2 + C/\lambda^4$。

赫尔伯格（Herzberger）方程：$n = A + BL + CL^2 + D\lambda^2 + E\lambda^4$。

晶体结构：不同晶体结构能得到不同的折射率。例如，ZrO_2 室温下的无定形膜折射率约为 1.67，300℃基板温度时为亚稳立方结构，折射率为 1.94。TiO_2 膜的晶体结构随基板温度变化，可从无定形变到锐钛矿、金红石，在波长 550nm 处的折射率从 1.9 变到接近 2.6。

（3）机械牢固度和化学稳定性　为了获得牢固耐久的薄膜，对膜料有如下要求：膜料本身应具有良好的机械强度和化学性能；薄膜与基板、薄膜与薄膜之间要有良好的附着性；薄膜应力要尽可能小，而且其性质要相反（压应力和张应力），以降低多层膜的积累应力。

应该指出的是，薄膜的力学性能和化学性能随着制备条件不同而存在着明显的差异。例如，离子轰击及基片加热能使 ZnS 膜变得非常坚硬。所以在具体选择材料时，必须综合考虑各种条件及其相互联系。此外，还要注意分析薄膜的具体应用条件，即胶合使用的场合不必过于追究力学和化学性能；用于潮湿空气中的薄膜，要求膜料的耐潮性能特别好；在海面应用的薄膜，主要考虑盐、碱对薄膜的作用；高温高寒环境下使用的薄膜，要注意分析温度对薄膜的影响；高能激光薄膜应着重考虑激光对薄膜的破坏。

（4）抗高能辐射　激光、紫外辐射或高能粒子都可引起薄膜损伤，特别是在大功率激光系统中，薄膜受到激光的严重威胁。

激光对薄膜的破坏着重考虑两个方面：一是激光波长、激光脉冲宽度和重复频率；二是薄膜材料本身的特性，除了吸收外，还与薄膜结构、机械强度、附着力、应力、热稳定性、熔点、热导和热膨胀系数等密切相关。

对单层膜而言，抗激光损伤阈值似乎随着薄膜材料的短波吸收限 λ_{c1} 增大而减小，随折射率和消光系数增加而降低，随牢固度增加而增大。对多层膜来说，损伤 A 值常介于其组成膜料的阈值之间，并与膜系结构、层数以及膜层之间的附着力、积累应力密切相关。

2. 常用薄膜的性质

（1）氟化镁（MgF_2）　氟化镁是薄膜制备中常用的材料之一，它在 $\lambda = 550nm$ 的折射率为 1.38，透明区为 $0.12 \sim 10\mu m$。

氟化镁是所有低折射率的卤化物中最牢固的，特别是当基板温度为 250℃ 左右时，非常坚硬耐久，因而在减反射膜中得到广泛应用。在多层膜中，它常与 ZnS、CeO_2 或 Bi_2O_5 等组合。但是，由于 MgF_2 膜具有很高的张应力（300 ~ 500MPa），所以室温下或快速蒸发得到的 ZnS-MgF_2 多层膜非常容易破裂。它与 CeO_2 和 Bi_2O_5 的结合比 ZnS 好。

氟化镁蒸发时易于喷溅，其原因有：蒸发表面形成了一层熔点比 MgF_2 更高的 MgO，材料蒸发次数越多，这种现象越严重；材料本身晶粒太细，除气预熔的气体来不及释放，所以选用一定晶态结构的块状材料是有利的。

氟化镁的聚集密度比较低，室温下可能低达 0.75 左右，在真空中测量的折射率是 1.32~1.33，暴露于大气后，孔隙被折射率 1.33 的水汽所填充，折射率上升到 1.37。由于 MgF_2 膜内气孔大小分布范围主要为 2~5nm，所以吸潮过程比 $NaAlF_6$ 快得多。在基板温度高于 250℃ 时，膜层折射率接近大块材料之值，聚集密度接近于 1。

（2）硫化锌（ZnS） 硫化锌是用于可见光区和红外区的最重要的一种膜料。在可见光区，它常与低折射率的氟化物组合；在红外区，与高折射率的半导体材料组合。它的透明区域为 0.38~14μm。在可见光区的折射率为 2.3~2.6，而在红外区的折射率大约是 2.2。

蒸发 ZnS 时，它会分解成 Zn 和 S，但是在凝结过程中，Zn 和 S 又重新化合，所以仍能得到化学计量上近似一致的膜层。这种淀积机理能很好地解释 ZnS 的凝结系数随基板温度上升而下降的现象。在常规的蒸发速率下，当基板温度为 300℃ 以上时，ZnS 就可能停止凝结。由于 ZnS 淀积时在基板表面上以元素状态形成薄膜，所以即使在室温下淀积，其聚集密度亦相当高。ZnS 薄膜呈现压应力，也与这种生长机理相关。

直接用电阻加热蒸发 ZnS 常可出现两种现象：一是出现刺激性很强的 H_2S；二是剩余的 ZnS 块料分解出 Zn 并发黑。这种 Zn 还可能氧化成高熔点的 ZnO，附着在 ZnS 表面，使 ZnS 难于蒸发。幸好 ZnO 和 ZnS 的折射率非常接近，所以即使少量 ZnO 混入也无关紧要。若用电子束蒸发，这种分解现象明显减少。电子束蒸发的 ZnS 膜具有闪锌矿立方结构，而用钨舟蒸发得到的是闪锌矿和纤锌矿的混合物，后者对高温不太稳定。ZnS 膜在空气中经紫外线照射后会转变为 ZnO，这是 S 升华后与 O_2 再化合的结果。

淀积在室温基板上的 ZnS 膜，牢固性是很差的。改善其牢固度的措施是：

①离子轰击，并在轰击结束后尽快蒸发；

②基板烘烤，温度为 150~200℃；

③老化处理，在空气中 250~300℃ 温度烘烤 4h。

（3）二氧化钛（TiO_2） 二氧化钛薄膜折射率高，牢固稳定，在可见和近红外区呈透明，这些优异的性能使它在光学薄膜应用中十分诱人。但是，TiO_2 材料在真空中加热蒸发时因分解而失氧，形成高吸收的亚氧化钛薄膜 Ti_nO_{2n-1}（$n = 1, 2, \cdots, 10$），故常采用反应蒸发技术。

在离子氧中蒸发低价氧化物 TiO、Ti_2O_3 和 Ti_3O_5，获得了优良的 TiO_2 膜。

TiO 的熔点既低于金属钛，又低于 TiO_2，可以用电子束或钨舟进行蒸发。由于 TiO 严重缺氧，所以需在较高的气压（如 $3×10^{-2}Pa$）和较低的蒸发速率（0.3nm/s）下沉积。采用电子衍射确定不同基板温度下多晶 TiO_2 膜的结构表明：当基板温度 $T_s>380℃$ 呈金红石，膜层折射率增加，吸收增大。在中性氧中制备的 TiO_2 膜，其消光系数比离子氧中得到的高 10 倍左右。

Ti_2O_3 的热性质比较稳定，蒸发过程中吸氧作用很强。通过选择适当的参数，不难获得折射率 2.2~2.3 的无吸收 TiO_2 膜。由于它的缺氧情况比 TiO 要好，所以蒸发速率可以适当提高（约 0.5nm/s）。Ti_2O_3 作初始材料时，在中性氧中的吸收要比 TiO 高得多。在离子氧中蒸发时，其吸收强烈地依赖于基板温度；在室温下则得到与 TiO 相当的吸收。

用质谱仪分析了 TiO、Ti_2O_3、Ti_3O_5 和 TiO_2 作为初始材料的蒸气组分发现：初始膜料 TiO 和 Ti_2O_3 随着蒸发量增加，氧含量增加，折射率降低；TiO_2 则氧含量减小，折射率升高；唯有 Ti_3O_5 氧含量不变，能够得到稳定的折射率。

综上所述，不论采用何种初始材料，都得不到纯 TiO_2 膜，其氧化程度直接决定了膜层的吸收大小。实验表明，TiO_2 膜的吸收和折射率均随着基板温度和蒸发速率的升高而增加，随着氧压升高而降低。在空气中加热处理能有效地减少膜内的低价氧化物，TiO、Ti_2O_3 和 Ti_3O_5 转变成 TiO_2 的温度分别为 200℃、250~350℃ 和大于 350℃。此外，TiO_2 膜中掺杂一定量的 Ta_2O_5 等，也可使吸收降低。TiO_2 膜长期暴露于紫外线，会导致波长小于 454nm 的短波区吸收增加。

（4）二氧化硅（SiO_2） 二氧化硅是唯一例外的分解很小的低折射率氧化物材料，其折射率为 1.46，透明区（0.18~8μm）一直延伸到真空紫外。它的光吸收很小，膜层牢固，且抗磨耐腐蚀，应用极其广泛。

SiO_2 在高温蒸发时与 TiO_2 类似，也可生成低价氧化物 SiO 和 Si_2O_3。这种低价氧化物常比高价氧化物易蒸发，所以薄膜中往往具有复杂的成分。

根据氧化硅吸收带的位置，我们可以粗略地判断膜的成分。三种硅氧化物的吸收带位置分别是：SiO：10.0~10.2μm；Si_2O_3：9.6~9.8μm 和 11.5μm；SiO_2：9.0~9.5μm 和 12.5μm。一旦用分光光度计测出它们的红外透射特性，那就容易推知膜层成分。

SiO_2 膜的结构精细，呈网络状玻璃态，不但散射吸收小，而且保护能力极强。

上面 4 种膜料，前两种称软膜，后两种称硬膜。一般说来，氟化物、硫化物属软膜，而氧化物属硬膜。

1.3.3 金属膜与介质膜的比较

表 1-3 列出了金属膜和介质膜的理想性质。实际的材料或多或少地会偏离这些理想材料，如介质有一定的消光系数 k，而金属也有一定的实数折射率 n。如果它们都很小，则金属膜和介质膜的导纳 y 分别简单地表示为 $-ik$ 和 n。

表 1-3 金属膜与介质膜的主要差别

项目	金属膜	介质膜
特性	$k \propto \lambda$ $y = -ik$ $\beta = 2\pi kd/\lambda =$ 常数 $y \propto \lambda$ R 随着 λ 增大而增大 高的损耗 较厚膜无干涉效应	$k = 0$ $y = n$ $\delta = 2\pi nd/\lambda \propto 1/\lambda$ $y =$ 常数 T 随着 λ 增大而增大 低的损耗 具有干涉效应
应用	由于其反射率高、截止宽、偏振小、制备简单，在反射镜、诱导透射滤光片和消偏振薄膜等场合广泛使用	由于其吸收小、选择性反射、设计参数多、膜层强度高等特点，在低损耗高反射膜、高透射带通滤光片、截止滤光片以及各种复杂膜系方面广泛应用

介质膜具有干涉效应，具有随波长或厚度的变化而呈周期性变化的性质。位相厚度 $\delta = 2\pi nd/\lambda$ 是一个最重要的量，随着 λ 增加，δ 变小。因为 n 变化很小，所以长波区域薄膜的特性比短波区域有所减弱。金属膜不具有任何周期性的性质，它的反射率简单地与位相厚度 δ 和 k 一起增加或减小。由于 δ 基本上是恒定的，而 k 随 λ 的增大而增加，因此，金属膜的性质与 λ 有着更大的相关性，且长波区域的特性比短波区域有所增强。

第2章 光学薄膜制备技术

2.1 真空及真空设备

2.1.1 真空技术知识及主要术语定义

真空蒸发、溅射镀膜等常称为物理气相沉积（Physical Vapor Deposition, PVD），是基本的薄膜制作技术。它们均要求淀积薄膜的空间要有一定的真空度。因此，真空技术是薄膜制作技术的基础，获得并保持所需的真空环境，是镀膜的必要条件。所以，掌握真空的基本知识是必要的。

1. 真空及其单位

所谓真空是指低于一个大气压的气体空间。同正常的人气相比，是比较稀薄的气体状态。当气体处于平衡时，可得到描述气体性质的气体状态方程，即

$$p = knT \tag{2-1}$$

或

$$pV = \frac{m}{M}RT \tag{2-2}$$

式中，p 为压强（Pa）；n 为气体分子密度（个/m^3），V 为体积（m^2）；M 为气体分子量（kg/mol）；m 为气体质量（kg）；T 为绝对温度（K）；k 为玻尔兹曼常数（1.38×10^{-23} J/K）；R 为气体普适常数（8.314 J/mol·K），也可用 $R = N_A \cdot k$ 来表示，N_A 为阿伏伽德罗常数（6.023×10^{23} 个/mol）。于是，由式（2-1）可得

$$n = 7.2 \times 10^{22} \frac{p}{T} （个/m^3） \tag{2-3}$$

由式（2-3）可知，在标准状态下，任何气体分子的密度约为 3×10^{10} 个/cm^3。即使在 $p = 1.3 \times 10^{-11}$ Pa（1×10^{-13} Torr）这样很高的真空度时，$T = 293$K，则 $n = 4 \times 10^3$ 个/cm^3。因此，所谓真空是相对的，绝对的真空是不存在的。通常所讲的

真空是一种"相对真空"。

在真空技术中对于真空度的高低，可以用多个参量来度量，最常用的有"真空度"和"压强"。此外，也可用气体分子密度、气体分子的平均自由程、形成一个分子层所需的时间等来表示。"真空度"和"压强"是两个概念，不能混淆，压强越低意味着单位体积中气体分子数越少，真空度越高，反之真空度越低，则压强就越高。由于真空度与压强有关，所以真空的度量单位是用压强来表示。

在真空技术中，压强所采用的法定计量单位是帕斯卡（Pascal），系千克米秒制单位，简称帕（Pa），是目前国际上推荐使用的国际单位制（SI）。托（Torr）这一单位在最初获得真空时就被采用，是真空技术中的获特单位。两者的关系为 1Torr = 133.322Pa。目前，在实际工程技术中几种旧的单位（Torr、mmHg、bar、atm）仍有采用，另外，完全改变以前的试验数据并不容易，因而压强单位也采用 Torr。现将几种旧的单位与帕（Pa）之间的转换关系介绍如下：

$$毫米汞柱(mmHg):1mmHg = 133.322Pa$$

$$托(Torr):1Torr = \frac{1}{760}atm = 133.322Pa$$

上式中，atm 表示标准大气压，毫米汞柱与托在本质上是一回事，二者几乎相等（1mmHg=1.00000014Torr），只是采用帕来定义标准大气压省略了尾数的缘故。

$$巴（bar）：1bar = 10^5 Pa$$

2. 真空区域的划分

为了研究真空和实际应用方便，常把真空划分为粗真空、低真空、高真空和超高真空 4 个等级。随着真空度的提高，真空的性质将逐渐变化，并经历由气体分子数的量变到真空质变的过程。

（1）粗真空（$1\times10^5 \sim 1\times10^2$Pa）　在粗真空状态下，气态空间的特性和大气差异不大，气体分子数目多，并仍以热运动为主，分子之间碰撞十分频繁，气体分子的平均自由程很短。通常，在此真空区域，使用真空技术的主要目的是为了获得压力差，而不要求改变空间的性质。电容器生产中所采用的真空浸渍工艺所需的真空度就在此区域。

（2）低真空（$1\times10^2 \sim 1\times10^{-1}$Pa）　此时每立方厘米内的气体分子数为 $10^{16} \sim 10^{13}$ 个。气体分子密度与大气时有很大差别，气体中的带电粒子在电场作用下，会产生气体导电现象。这时，气体的流动也逐渐从粘稠滞流状态过渡到分子状态，这时气体分子的动力学性质明显，气体的对流现象完全消失。因此，如果在这种情况下加热金属，可基本上避免与气体的化合作用，真空热处理一般都在低真空区域进行。此外，随着容器中压强的降低，液体的沸点也大为降低，由此而引起剧烈的蒸发，而实现所谓"真空冷冻脱水"。在此真空区域，由于气体分子数减少，分子的平均自由程可以与容器尺寸相比拟。并且分子之间的碰撞次数减少，而分子与容器壁的碰撞次数大大增加。

（3）高真空（$1 \times 10^{-1} \sim 1 \times 10^{-6}$ Pa） 此时气体分子密度更加降低，容器中分子数很少。因此，分子在运动过程中相互间的碰撞很少，气体分子的平均自由程已大于一般真空容器的线度，绝大多数的分子与器壁相碰撞。因而在高真空状态蒸发的材料，其分子（或微粒）将按直线方向飞行。另外，由于容器中的真空度很高，容器空间的任何物体与残余气体分子的化学作用也十分微弱。在这种状态下，气体的热传导和内摩擦已变得与压强无关。

（4）超高真空（$<1 \times 10^{-6}$ Pa） 此时每立方厘米的气体分子数在 10^{10} 个以下。分子间的碰撞极少，分子主要与容器壁相碰撞。超高真空的用途之一是得到纯净的气体，其二，是可获得纯净的固体表面。此时，气体分子在固体表面上是以吸附停留为主。

利用真空技术可获得与大气情况不同的真空状态。由于真空状态的特性，真空技术已广泛用于工业生产、科学实验和高新技术的研究等领域。电子材料、电子元器件和半导体集成电路的研制与生产与真空技术有着密切的关系。

3. 稀有气体的基本性质

在真空技术中所遇到的是稀薄气体，这种稀薄气体在性质上与理想气体差异很小。因此，在研究稀薄气体的性质时，可不加修正地直接应用理想气体的状态方程。由式（2-1）大气层描述的气体状态方程反映了气体的 p、V、T、m 四个量之间的关系。该方程在特殊情况下，即可推导出有名的理想气体定律。

1）波义尔定律：一定质量的气体，在恒定温度下，气体的压强与体积的乘积为常数。即

$$pV = C \tag{2-4}$$

或

$$p_1 V_1 = p_2 V_2 \tag{2-5}$$

2）盖·吕萨克定律：一定质量的气体，在压强一定时，气体的体积与绝对温度成正比。

$$V = CT \tag{2-6}$$

或

$$V = \frac{V_0}{T_0} T \tag{2-7}$$

3）查理定律：一定质量的气体，如果保持体积不变，则气体的压强与绝对温度成正比。

$$p = CT \tag{2-8}$$

或

$$p = \frac{p_0}{T_0}T \tag{2-9}$$

（1）气体分子的速度分布　在一定容器中的气体分子处于不断的运动状态，它们相互间及和器壁之间无休止地频繁碰撞。各个分子的速度（大小和方向）是不相同的，在稳态时可满足一定的统计分布规律，通常称为麦克斯韦-玻尔兹曼分布。即在平衡状态下，当气体分子间的相互作用可以忽略时，分布在任一速度区间 $v \sim v+\mathrm{d}v$ 内分子的概率为

$$\frac{\mathrm{d}N}{N} = 4\pi \left(\frac{m}{2\pi kT}\right)^{3/2} \exp(-mv^2/2kT)v^2 \mathrm{d}v \tag{2-10}$$

式中，N 为容器中气体分子总数；m 为气体分子质量；T 为气体温度（K）；k 为玻尔兹曼常数。

显然，在不同的速度 v 附近取相等的间隔，比率 $\mathrm{d}N/N$ 的数值一般是不同的。比率 $\mathrm{d}N/N$ 与速度 v 有关，与 v 的函数关系成正比，即

$$\frac{\mathrm{d}N}{N} = f(v)\,\mathrm{d}v \tag{2-11}$$

即速度分布函数为

$$f(v) = 4\pi \left(\frac{m}{2\pi kT}\right)^{3/2} \exp(-mv^2/2kT)v^2 \tag{2-12}$$

该函数表示分布在速度 v 附近单位速度间隔内的分子数占总分子数的比率，也叫做麦克斯韦速率分布定律。麦克斯韦速率分布曲线如图 1-1 所示，该曲线也反映了气体分子速度随温度的变化情况。

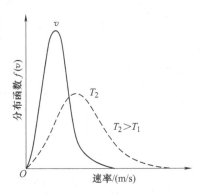

图 2-1　麦克斯韦速率分布曲线

根据这种规律，可从理论上推得分子速率在 v_m 处有极大值，于是 v_m 被称为最可几速度，其值为

$$v_\mathrm{m} = \sqrt{\frac{2kT}{m}} = \sqrt{\frac{2RT}{M}} = 1.41\sqrt{\frac{RT}{M}}\,(\mathrm{cm/s}) \tag{2-13}$$

气体分子的平均速度为

$$v_\mathrm{a} = \sqrt{\frac{8kT}{\pi m}} = \sqrt{\frac{8RT}{\pi M}} = 1.59\sqrt{\frac{RT}{M}}\,(\mathrm{cm/s}) \tag{2-14}$$

气体分子的方均根速度为

$$v_r = \sqrt{\frac{3kT}{m}} = \sqrt{\frac{3RT}{M}} = 1.73\sqrt{\frac{RT}{M}}(\text{cm/s}) \tag{2-15}$$

由此可见，三种速度中，方均根速度 v_r 最大，平均速度 v_a 次之，最可几速度 v_m 最小。这三种速度在不同的场合有各自的应用。在讨论速度分布时，要用到最可几速度；在计算分子运动的平均距离时，要用到平均速度；在计算分子的平均动能时，则要采用方均根速度。

（2）平均自由程　气体分子处于不规则的热运动状态，它除与容器壁发生碰撞外，气体分子间还经常发生碰撞。每个分子在连续两次碰撞之间的路程称为"自由程"。这是一个描述气体性质的微观参量。其统计平均值

$$\lambda = \frac{1}{\sqrt{2}\pi\sigma^2 n} \tag{2-16}$$

称为"平均自由程"。由此可知，平均自由程与分子密度 n 和分子直径 σ 的二次方是反比关系。

根据式（2-1），上式可改写为

$$\lambda = \frac{kT}{\sqrt{2}\pi\sigma^2 p} \tag{2-17}$$

此式表明，气体分子的平均自由程与压强成反比，与温度成正比。

显然，在气体种类和温度一定的情况下

$$\lambda p = 常数 \tag{2-18}$$

在25℃的空气情况下

$$\lambda p \approx 0.667(\text{cm} \cdot \text{Pa})$$

或

$$\lambda \approx \frac{0.667}{p}(\text{cm}) \tag{2-19}$$

（3）碰撞次数与余弦散射律　单位时间内，在单位面积的器壁上发生碰撞的气体分子数称为入射频率，用 ν 表示。其数值与器壁前的气体分子密度 n 成正比，而且分子的平均速度 v_a 越大 ν 也越大，则有

$$\nu = \frac{1}{4}nv_a \tag{2-20}$$

式（2-20）称为赫兹-克努曾（Hertz-Knudsen）公式，它是描述气体分子热运动的重要公式。根据式（2-1）和式（2-14），则可得到单位时间碰撞单位固体表面分子数的另一表达式

$$\nu = \frac{p}{\sqrt{2\pi mkT}} \tag{2-21}$$

例如，对于 20℃的空气，则有

$$\nu_{20} = 2.86 \times 10^{18} p\left[\text{个}/(\text{cm}^2 \cdot \text{s})\right] \tag{2-22}$$

式中，p 的单位为帕（Pa）。

对于 25℃的空气，根据式（2-3）、式（2-19）、式（2-21）对上述参数之间关系的计算结果如图 2-2 所示。表 2-1 列出了与镀膜有关的一些重要气体的性质。从该表可知，在 1.33×10^{-4} Pa 的压力下镀膜时，若以 $50 \sim 100$Å/min 的速度进行气体分子的入射，只要经过 $1 \sim 2$s 即可淀积成单层分子层。

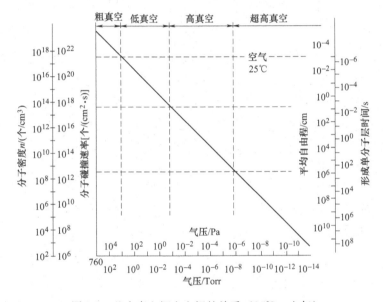

图 2-2　几个真空概念之间的关系（25℃，空气）

表 2-1　气体的性质

气体	化学符号	分子量 M	质量 m /(10^{-23}g)	平均速度 v_a/(10^{14} cm/s，0℃)	分子直径 σ/(10^{-8}cm，0℃)	平均自由程 λ/(cm·Pa，25℃)	在 1.33×10^{-4} Pa 时			
							碰撞次数 /(10^{14} 个/cm²)	形成单分子层的时间/s	单分子层分子数 /(10^{14} 个/cm²)	厚度 /(nm/min)
氢	H_2	2.0	0.3	16.9	2.8	1.2	15.1	1.0	15.3	16.3
氧	O_2	32	5.3	4.3	3.6	0.72	3.8	2.3	8.7	9.5
氩	Ar	40	6.6	3.8	3.7	0.71	3.4	2.5	8.6	8.7

(续)

气体	化学符号	分子量 M	质量 m /(10^{-23}g)	平均速度 v_a/(10^{14} cm/s, 0℃)	分子直径 σ/ (10^{-8}cm, 0℃)	平均自由程 λ/(cm·Pa, 25℃)	在 1.33×10^{-4}Pa 时			
							碰撞次数 /(10^{14} 个/cm²)	形成单分子层的时间/s	单分子层分子数 /(10^{14} 个/cm²)	厚度 /(nm/min)
氮	N₂	28	4.7	4.5	3.8	0.67	4.0	2.0	8.1	11.3
空气		29	4.8	4.5	3.7	0.68	4.0	2.1	8.3	10.8
水蒸气	H₂O	18	3.0	5.7	4.9	0.45	5.0	1.1	5.3	26.8
一氧化碳	CO	28	4.7	4.5	3.8	0.67	4.0	2.0	8.0	11.5
二氧化碳	CO₂	44	7.3	3.6	4.7	0.45	3.2	1.7	5.3	16.8

上面介绍了气体分子向固体表面的入射碰撞，下面介绍气体分子从表面的反射问题。根据克努曾对低气压气体流动的研究，以及对分子束反射的研究都证明了下述的余比定律成立。即碰撞于固体表面的分子，它们飞离表面的方向与原入射方向无关，并按与表面法线方向所成角度 θ 的余弦进行分布。则一个分子在离开其表面时，处于立体角 $d\omega$（与表面法线成 θ 角）中的几率为

$$dp = \frac{d\omega}{\pi}\cos\theta \tag{2-23}$$

式中，$1/\pi$ 是由于归一化条件，即位于 2π 立体角中的几率为 1 而出现的。

分子从表面反射与飞来方向无关这一点非常重要。它意味着可将飞来的分子看成一个分子束从一个方向飞来，亦可看成按任意方向飞来，其结果都是相同的。余弦定律（又称"克努曾定律"）的重要意义在于：

1）它揭示了固体表面对气体分子作用的另一个方向，即将分子原有的方向性彻底"消除"，均按余弦定律散射；

2）分子在固体表面要停留一定的时间，这是气体分子能够与固体进行能量交换和动量交换的先决条件，这一点有重要的实际意义。

2.1.2　获得真空所需的设备

真空系统的种类繁多，典型的真空系统应包括：待抽空的容器（真空室）、获得真空的设备（真空泵）、测量真空的器具（真空计）以及必要的管道、阀门和其他附属设备。能使压力从一个大气压力开始变小，进行排气的泵常称为"前级泵"，另一些却只能从较低压力抽到更低压力，这些真空泵常称为"次级泵"。

对于任何一个真空系统而言，都不可能得到绝对真空（$p=0$），而是具有一

定的压强 p_u，称为极限压强（或极限真空），这是该系统所能达到的最低压强，是真空系统能否满足镀膜需要的重要指标之一。第二个主要指标是抽气速率，指在规定压强下单位时间所抽出气体的体积，它决定抽真空所需要的时间。

从理论上讲，任何一个真空系统所能达到的真空度可由下列方程确定

$$p = p_u + \frac{Q}{S} - \frac{V}{S} \cdot \frac{dp_i}{dt} \tag{2-24}$$

式中，p_u 是真空泵的极限压强（Pa）；S 是泵的抽气速率（L/s）；p_i 是被抽空间气体的分压强（Pa）；Q 是真空室内的各种气源（Pa·L/s）；V 是真空室的体积（L）；t 是时间（s）。

真空泵是一个真空系统获得真空的关键。表 2-2 列出了常用真空泵的排气原理、工作压强范围和通常所能获得的最低压强。图 2-3 示出了几种常用真空泵的抽速范围。可以看出，至今还没有一种泵能直接从大气一直工作到超高真空。因此，通常是将几种真空泵组合使用，如机械泵+扩散系统和吸附泵+溅射离子系+钛升华泵系统，前者为有油系统，后者为无油系统。

表 2-2　常用真空泵的排气原理与工作压强范围

种类		原理	工作压强范围
			10^2　1　10^{-2}　10^{-4}　10^{-6}　10^{-8}　10^{-10}　10^{-12}　（Torr） 10^4　10^2　1　10^{-2}　10^{-4}　10^{-6}　10^{-8}　10^{-10}　（Pa）
机械泵	油封机械泵（单级） 油封机械泵（双级） 分子泵 罗茨泵	利用机械力压缩和排除气体	
蒸气喷射泵	水银扩散泵 油扩散泵 油喷射泵	靠蒸气喷射的动量把气体带走	
干式泵	溅射离子泵 钛升华泵	利用溅射或升华形成吸气、吸附，排除气体	
	吸附泵 冷凝泵 冷凝吸附泵	利用低温表面对气体进行物理吸附，排除气体	

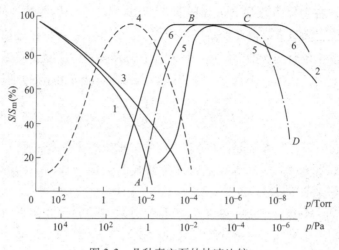

图 2-3　几种真空泵的抽速比较

1—单级旋片泵　2—溅射离子泵　3—双极旋片泵　4—罗茨泵　5—扩散泵　6—分子泵

1. 机械泵

　　常用机械泵有旋片式、定片式和滑阀式等。其中，旋片式机械泵噪声较小，运行速度高，应用最为广泛。其结构主要由定子、旋片和转子组成，这些部件全部浸在机械泵油中，转子偏心地置于定子泵内，如图 2-4 所示。其工作原理建立在玻-马洛特定律基础上，如图 2-5 所示。

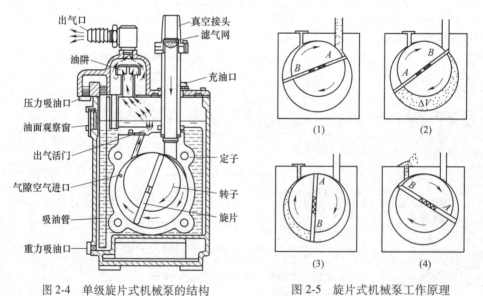

图 2-4　单级旋片式机械泵的结构　　　　图 2-5　旋片式机械泵工作原理

　　由于压强与体积的乘积等于一个与温度有关的常数。因此，在温度一定的情况下，容器的体积就与气体的压强成反比。图 2-5 示出了机械泵转子在连续旋转过程中的 4 个典型位置。一般旋片将泵腔分为三个部分：从进气口到旋片分离的吸气空间；由两个旋片同泵壁分隔出的膨胀压缩空间和排气阀到旋片分隔的排气空间。

图 2-5 中，（1）表示正在吸气，同时把上一周期吸入的气体逐步压缩；（2）表示吸气截止。此时，泵的吸气量达到最大并将开始压缩；（3）表示吸气空间另一次吸气，而排气空间继续压缩；（4）表示排气空间内的气体，已被压缩到当压强超过一个大气压时，气体便推开排气阀由排气管排出。如此不断循环，转子按箭头方向不停旋转，不断进行吸气、压缩和排气，于是与机械泵连接的真空容器便获得了真空。

如果待抽容器的体积为 V，初始压强为 p_0，转子第一次旋转所形成的空间体积为 ΔV（见图 2-4）。则根据玻意耳定律，旋片转过一周后，待抽空间的压强 p_1 降低为

$$p_1 = p_0 \frac{V}{V + \Delta V} \text{ 或 } p_1 (V + \Delta V) = p_0 V \tag{2-25}$$

经过 n 个循环后

$$p_n = p_0 \left(\frac{V}{V + \Delta V} \right)^n \tag{2-26}$$

由此可以看出，只有在泵室大而被抽容积小，即 $\Delta V/V$ 越大，获得 p_n 所需时间才越短；n 越大 p_n 越小，理论上 $n \to \infty$ 时，$p_n \to 0$，但这在实际上是不可能的。当 n 足够大时，p_n 只会达到某一极限值 p_u，这是因为泵在结构上总是存在着"有害空间"的缘故。所谓有害空间是指出气口与转子密封点之间的极小空隙空间。

设每秒转子旋转 m 次，则 t 秒钟转子旋转的次数为

$$n = mt \tag{2-27}$$

这时待抽容器的压强 p_t 降低为

$$p_t = p_0 \left(\frac{V}{V + \Delta V} \right)^{mt} \tag{2-28}$$

或

$$\frac{p_0}{p_t} = \left(1 + \frac{\Delta V}{V} \right)^{mt} \tag{2-29}$$

由此可见 p_0/p_t 可以随容器内压强 p_t 的减小而增加。对于一定的机械泵及待抽容器，其 m、V 及 ΔV 均为常数，所以

$$\lg \frac{p_0}{p_t} = mt \cdot \lg \left(1 + \frac{\Delta V}{V} \right) = Kt \tag{2-30}$$

式中，$K=m\lg\left(1+\dfrac{\Delta V}{V}\right)$ 也是一个常数。对于实际的泵而言，该式只有在 $p_t \gg$ 极限真空度时才适用。把这一公式做成曲线，如图 2-6 所示。

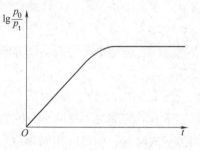

图 2-6 机械泵的工作特性曲线

为减小有害空间的影响，通常采用双级泵。该泵由两个转子串联构成，以一个转子空间的出气口作为另一个转子空间的进气口。这样便可使极限真空从单级泵的 1Pa 提高到 10^{-2} Pa 数量级。目前，国内外生产的机械泵一般都是双级泵。2X 旋片机械泵性能参数见表 2-3。

由于泵的转子和定子全部浸泡在油箱内，因此机械泵油的作用很重要，对机械泵油的基本要求是饱和蒸气压低，要具有一定的润滑性和黏度，以及较高的稳定性。国产 1 号真空泵油适用于多种类型机械泵，在 20℃ 时饱和蒸气压小于 1×10^{-3} Pa，50℃ 时黏度为 5×10^{-2} Pa·s。

表 2-3 2X 旋片机械泵性能参数

型号	抽速 /(L/s)	极限真空/Pa		配用电动机 功率/kW	进气口直径 /mm
		关气镇阀	开气镇阀		
2X-0.5	0.5	6.7×10^{-2}	6.7×10^{-1}	0.18	10
2X-1	1	6.7×10^{-2}	6.7×10^{-1}	0.25	15
2X-2	2	6.7×10^{-2}	6.7×10^{-1}	0.4	20
2X-4	4	6.7×10^{-2}	6.7×10^{-1}	0.6	25
2X-8	8	6.7×10^{-2}	6.7×10^{-1}	1.1	32
2X-15	15	6.7×10^{-2}	6.7×10^{-1}	2.2	50
2X-30	30	6.7×10^{-2}	6.7×10^{0}	4.5	65
2X-70	70	6.7×10^{-2}	6.7×10^{0}	7.5	80
2X-150	150	6.7×10^{-2}	6.7×10^{0}	14.0	125

使用机械泵抽除带有水蒸气的混合气体时，蒸气分压强也会在压缩过程中同样逐渐增大。当蒸气分压强增大到饱和蒸气压，而总压强还不足以推开排气阀所需的压强时，蒸气就会凝结成水，并与机械泵油混合形成一种悬浊液，这将使泵油质量严重破坏，影响油的密封、润滑作用，并能使泵壁锈蚀。为此常常使用气镇泵，即在靠近排气口的地方开一小孔，在气体尚未压缩之前，由小孔渗入一定量的干燥空气，协助打开排气阀门，让水蒸气在未凝结之前被排除泵外。显然，气镇泵对极限真空度稍有影响。

表 2-3 列出了国产 2X 型旋片机械泵的基本参数。

2. 扩散泵

扩散泵是利用被抽气体向蒸气流扩散的现象来实现排气作用的。扩散泵的结构示意和工作原理如图 2-7 所示。当扩散泵油被加热后会产生大量的油蒸气，油蒸气沿着蒸气导管传输到上部，经伞形喷嘴向外喷射出来。由于喷嘴外的压强较低，于是蒸气会向下喷射出较长距离，形成一高速定向的蒸气流。其射流的速度可高达 200m/s 左右，且其分压强低于扩散泵进气口上方被抽气体的分压强，两者形成压强差。

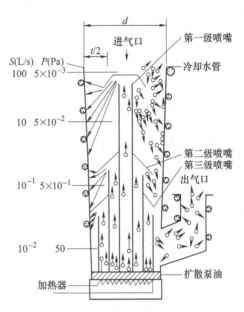

图 2-7　扩散泵的结构和工作原理

这样真空室内的气体分子必然会向着压强较低的扩散泵喷口处扩散，同具有较高能量的超音速蒸气分子相碰撞而发生能量交换，驱使被抽气体分子沿蒸气流方向高速运动并被带到出口处，被机械泵抽走，而从喷嘴射出的油蒸气流喷到水冷的泵壁冷凝成液体，流回泵底再重新被加热成蒸气。这样，在泵内保证了油蒸气的循环，使扩散泵能连续不断地工作，从而使被抽容器获得较高的真空度。

根据扩散泵理论，扩散泵的极限压强为

$$p_u = p_L \exp\left(-\frac{nvL}{D_0}\right) \tag{2-31}$$

式中，p_L 为前级真空泵压强；n 是蒸气分子密度；L 是蒸气流从泵的进气口到出气口的扩散长度；$D_0 = ND =$ 常数，D 为蒸气中气体分子的扩散系数，可由 $D = \lambda v_a/3$ 计算得到；v 为油蒸气在喷口处的速度，可近似认为

$$v \approx 1.60 \times 10^4 \sqrt{\frac{T}{M}} \,(\text{cm/s}) \tag{2-32}$$

式中，M 是油蒸气的分子量。

因 v、n、D_0、L 等均为正值，故 p_L/p_u 总是大于 1 的，此比值称扩散泵的压缩比。由式（2-31）可知，如果蒸气流速 v 和扩散长度 L 越大，以及气体分子的扩散系数 D 越小，由此，喷射所产生的压缩比就越高。则在一定的前级压强下经

扩散泵抽气后所得的极限压强就越低。另外，由于 p_u 与前级真空泵压强 p_L 成正比，所以为了提高扩散泵的极限真空，选配性能好的前级泵也十分重要。

扩散泵的抽气速率 S_J 与其进气口直径 d 有以下关系

$$S_J = 11.7H \frac{\pi d^2}{4} (\text{L/s}) \tag{2-33}$$

式中，H 为抽速系数，它等于泵的实际抽速与理论最大抽速之比，一般为 0.5 左右。

扩散泵的实际抽速 S 为

$$S = \frac{Q}{p_L - p_u} \tag{2-34}$$

式中，Q 为扩散泵每秒抽走气体的量（Pa·L/s）；p_L 是扩散泵入口气体的总压强（Pa）；p_u 为扩散泵的极限压强（Pa）。

在实际应用中，扩散泵的抽速可按下列简单的经验公式来进行计算，十分简便可靠。

$$S = (3 \sim 4) d^2 (\text{L/s}) \tag{2-35}$$

扩散泵必须与机械泵配合使用才能组成高真空系统，单独使用扩散泵是没有抽气作用的。经验指出，扩散泵的口径一般是镀膜钟罩的1/3，而扩散泵的抽速大约为钟罩容积的4~5倍，由此便可选择合适抽速的机械泵。

扩散泵油是扩散泵的重要工作物质，泵油应具有较好的化学稳定性（无毒、无腐蚀）、热稳定性（在高温下不分解）、抗氧化性和具有较低的饱和蒸气压（$\leq 10^{-4}$ Pa）以及在工作时应有尽可能高的蒸气压。几种国产扩散泵油的技术性能列于表2-4。

表 2-4 几种国产扩散泵油技术性能

种类	代号	分子量	粘度/(mPa·s, 50℃)	外观	蒸气压/Pa(20℃)	极限压强/Pa(20℃)
扩散泵油	KB-1	350	≤65	淡黄	≤5.3×10⁻⁶	3.3×10⁻⁴
扩散泵油	KB-2	350	≤65	淡黄	≤5.3×10⁻⁶	3.3×10⁻⁵
扩散泵硅油	274	484	≤38 (25℃)	无色	≤2.6×10⁻⁶	8.0×10⁻⁶
扩散泵硅油	275	546	≤65 (25℃)	无色	—	3.0×10⁻⁶
增压泵油	—	330	≤1.5	水白色	≤4×10⁻³	—

油蒸气向真空室的反扩散会造成膜层污染。如无阻挡装置，返油率可高达 10^{-3} mg/(cm²·s)。因此，常在进气口安装水冷挡板或液氮冷阱，返油率可大大降低，约为原来的1/1000~1/10。

3. 分子泵与罗茨泵

当气体分子碰撞到高速移动的固体表面时，总会在表面停留很短的时间，并且在离开表面时将获得与固体表面速率相近的相对切向速率，这就是动量传输作用。涡轮分子泵就是利用这一现象而制成的，即它是靠高速转动的转子碰撞气体分子并把它驱向排气口，由前级泵抽走，而使被抽容器获得超高真空的一种机械真空泵。分子泵的结构如图 2-8 所示。分子泵的主要特点是：起动迅速，噪声小，运行平稳，抽速大，不需要任何工作液体。

罗茨泵又称机械增压泵，如图 2-9 所示，它是具有一对同步高速高旋转的 8 字形转子的机械真空泵。它是既应用分子泵的原理，又利用油封机械泵的变容积原理制成。

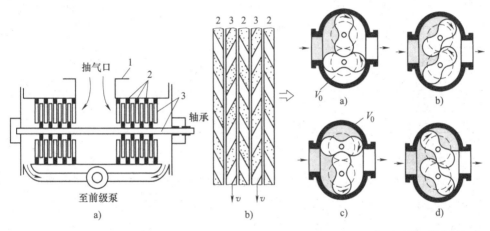

图 2-8　涡轮分子泵示意图　　　　　图 2-9　罗茨泵及其工作原理
1—外壳　2—定子　3—转子

罗茨泵的特点是：转子与泵体、转子与转子之间保持一不大的间隙（约 0.1mm），缝隙不需要油润滑和密封，故很少有油蒸气污染；由于这一结构，转子与泵体、转子与转子间没有摩擦，故允许转子有较大的转速（可达 3000r/min）；此外，罗茨泵还具有起动快、振动小，在很宽的压强范围内（$1.33×10^2 ~ 1.33$Pa）具有很大的抽速等特点。罗茨泵的极限压强可达 10^{-4}Pa（双级泵）。罗茨泵必须和前级泵串联使用。

2.1.3　真空的测量

为了判断和检定真空系统所达到的真空度，必须对真空容器内的压强进行测量。但在真空技术中遇到的气体压强都很低，要直接测量其压力是极不容易的。因此，都是利用测定在低气压下与压强有关的某些物理量，再经变换后确定容器压强。当压强改变时，这些和压强有关的特性也随之变化的物理现象，就是真空测量的基础。任何具体的物理特性，都是在某一压强范围内才最显著。因此，任何方法都有其一定的测量范围，这个范围就是该真空计的"量程"。

目前，还没有一种真空计能够测量从大气到 $10^{-10}\,\mathrm{Pa}$ 的整个领域的真空度。真空计按照不同的原理和结构可分成许多类型。表 2-5 列出几种真空计的主要特性。下面对在薄膜技术中常用的真空计做一介绍。

表 2-5　几种真空计的工作原理与测量范围

名称	工作原理	测量范围/Pa
U 形管压力计	利用大气与真空压差	$10^5 \sim 10^{-2}$
水银压缩真空计	根据玻意耳定律	$10^3 \sim 10^{-4}$
电阻真空计	利用气体分子热传导	$10^4 \sim 10^{-2}$（10^{-3}）
热偶真空计		
热阴极电离真空计	利用热电子电离残余气体	$10^{-1} \sim 10^{-6}$
B-A 型真空计		$10^{-1} \sim 10^{-10}$
潘宁磁控电离计	利用磁场中气体电离与压强有关的原理	$1 \sim 10^{-5}$
气体放电管	利用气体放电与压强有关的性质	$10^3 \sim 1$

1. 热偶真空计

热偶真空计是利用低压强下气体的热传导与压强有关的原理制成的真空计。当压强较高时，气体传导的热量与压强无关，只有当压强降到低真空范围，才与压强成正比。

电源加热灯丝产生的热量 Q 将以如下 3 种方式向周围散发，即辐射热量 Q_1、灯丝与热偶丝的传导热量 Q_2 以及气体分子碰撞灯丝而带走的热 Q_3。即

$$Q = Q_1 + Q_2 + Q_3 \tag{2-36}$$

热平衡时，灯丝温度 T 为一定值。此时，Q_1 与 Q_2 为恒量，只有 Q_3 才随气体分子对灯丝的碰撞次数而变化，即与气体分子数有关，或与气体压强有关。压强越高，气体分子数多，碰撞次数多，灯丝被带走的热量就多，灯丝温度变化就越大。利用测定热丝电阻值随温度变化的真空计称为热阻真空计（见图 2-10），直接用热电偶测量热丝温度的真空计叫做热偶真空计（见图 2-11）。热电偶有镍铬-康铜、铁-康铜或铜-康铜等。

热偶真空计应用十分广泛，热丝表面温度的高低与热丝所处的真空状态有关。真空度高，则热丝表面温度高（和热丝碰撞的气体分子少），热电偶输出的热电势也高；真空度低，则热丝表面温度低（和热丝碰撞的气体分子多，带走的

热量较多），热电偶输出的电动势也小。

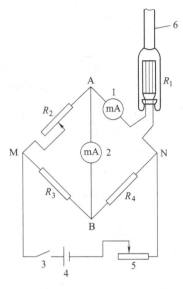

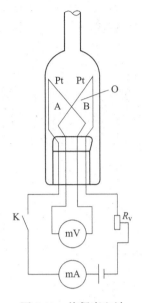

图 2-10　热阻真空计

R—电阻　1、2—毫安表

3—开关　4—电源　5—电位器

6—接真空系统

图 2-11　热偶真空计

Pt—加热铂丝

A、B—热电偶丝电离真空计规管

O—热电偶接点　R_v—可变电阻

2. 电离真空计

　　电离真空计是目前测量高真空的主要仪器。它是利用气体分子电离的原理来测量真空度。根据气体电离源的不同，又分为热阴极电离真空计和冷阴极电离真空计，前者应用极为普遍，其结构如图 2-12 所示，与一只真空晶体管类似。在稀薄气体中，灯丝发射的电子经加速电场加速，具有足够的能量，在与气体分子碰撞时，能引起气体分子电离，产生正离子和次级电子。电离概率的大小与电子的能量有关。

　　电子在一定的飞行路途中与分子碰撞的次数（或产生的正离子数），与气体分子密度成正比，因为 $p = nkT$，故在一定温度下，亦正比于气体压强 p。或者说产生的正离子数亦正比于压强 p。因此，根据电离真空计离子收集极收集离子数的多少，就可确定被测空间的压强大

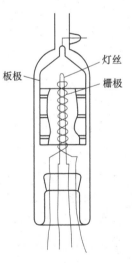

图 2-12　DL-2 型热阴极
电离真空计结构

小，这就是电离真空计的工作原理。

根据下式（2-37）可估算出电离计中离子电流与气体压强的关系。设电子从阴极飞到加速极的总路程长度为 $L(\mathrm{cm})$，则离子电流 $I_i(\mathrm{mA})$ 与压强之间的关系为

$$I_i = I_e WLp \qquad (2\text{-}37)$$

式中，I_e 为阴极（灯丝）的发射电流（常定为 5mA）；W 为 $p=1\mathrm{Pa}$ 时每个电子飞行 1cm 所产生的电子-离子对数，称为电离效率，是电子能量的函数。

考虑到电子在飞行途中能量有所变化，则式（2-37）应改写为

$$I_i = I_e \sum_{i=1}^{n} W_i \Delta L_i p \qquad (2\text{-}38)$$

式中，ΔL_i 为路程 L 分为 n 段时第 i 段的长度；W_i 为 L 路程中第 i 段电子能量的函数。

再考虑到并非所有电子和离子都被收集，如部分电子和离子会到达管壁，则式（2-38）应修正为

$$I_i = I_e \alpha\beta \sum_{i=1}^{n} W_i \Delta L_i p \qquad (2\text{-}39)$$

式中，α、β 分别为 I_i 和 I_e 的修正系数。于是可将上式改写为

$$I_i = I_e Kp \quad 或 \quad \frac{I_i}{I_e} = Kp \qquad (2\text{-}40)$$

式中，K 为常数，称电离真空计的灵敏度，其意义为在单位电子电流和单位压强下所得到的离子电流值，单位为 1/Pa，一般通过实验确定，通常为 $4 \sim 40$。当 I_e 为常数时有：

$$I_i = I_e Kp = Cp \qquad (2\text{-}41)$$

即离子流仅与压强成正比，因此，只要测出此时离子流，经电路放大后，就可转换为压强刻度，并在仪表上表示。

热阴极电离真空计的测量范围一般为 $10^{-1} \sim 10^{-6}\mathrm{Pa}$（见图 2-13）。在压强大于 $10^{-1}\mathrm{Pa}$ 时，虽然气体分子数增加，电子与分子的碰撞数增加，但能量下降，电离概率降低，所以当压强增加到一定程度时，电

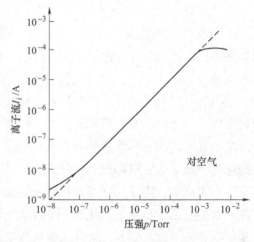

图 2-13　离子流与压强的关系

离作用达到饱和，使曲线偏离线性，故测量的上限为 $10^{-1}Pa$。

在低压强下（小于 $10^{-6}Pa$），具有一定能量的高速电子打到加速极上，产生软 X 射线，当其辐射到离子收集极时，将自己的能量交给金属中的自由电子，会使自由电子逸出金属而形成光电流，导致离子流增加，即这时由离子收集极测得的离子流是离子电流与光电流二者之和，当二者在数值上可比拟时，曲线也将偏离线性。故 $10^{-6}Pa$ 就成为测量的下限压强值。B-A 型电离真空计将收集极改成针状，把灯丝放在加速极外边，使收集极受软 X 射线照射的面积减小，于是可测量更高的真空度（约 $10^{-10}Pa$）

2.2　热蒸发镀膜工艺

2.2.1　热蒸发镀膜机理介绍

真空蒸发镀膜法（简称真空蒸镀）是在真空室中，加热蒸发器中待形成薄膜的原材料，使其原子或分子从表面气化逸出，形成蒸气流，入射到固体（称为衬底或基片）表面，凝结形成固态薄膜的方法。由于真空蒸发法或真空蒸镀法主要物理过程是通过加热蒸发材料而产生，所以又称热蒸发法。采用这种方法制造薄膜，已有几十年的历史，用途十分广泛。

近年来，该法的改进主要是在蒸发源上。为了抑制或避免薄膜原材料与蒸发加热器发生化学反应，改用耐热陶瓷坩埚。为了蒸发低蒸气压物质，采用电子束加热源或激光加热源。为了制造成分复杂或多层复合薄膜，发展了多源共蒸发或顺序蒸发法。为了制备化合物薄膜或抑制薄膜成分对原材料的偏离，出现了反应蒸发法等。

1. 真空蒸发的特点与蒸发过程

一般说来，真空蒸发（除电子束蒸发外）与化学气相沉积、溅射镀膜等成膜方法相比较，有如下特点：设备比较简单、操作容易；制成的薄膜纯度高、质量好，厚度可较准确控制；成膜速率快、效率高，用掩模可以获得清晰图形；薄膜的生长机理比较单纯。这种方法的主要缺点是，不容易获得结晶结构的薄膜，所形成薄膜在基板上的附着力较小，工艺重复性不够好等。

图 2-14 为真空蒸发镀膜原理示意图。主要部分有：

1）真空室，为蒸发过程提供必要的真空环境；

2）蒸发源或蒸发加热器，放置蒸发材料并对其进行加热；

3）基板，用于接收蒸发物质并在其表面形成固态蒸发薄膜；

4）基板加热器及测温器等。

真空蒸发镀膜包括以下三个基本过程：

1）加热蒸发过程。包括由凝聚相转变为气相（固相或液相→气相）的相变过程。每种蒸发物质在不同温度时有不相同的饱和蒸气压；蒸发化合物时，其组分之间发生反应，其中，有些组分以气态或蒸气进入蒸发空间。

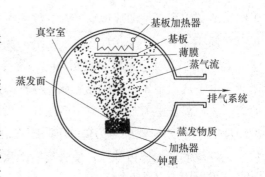

图 2-14　真空蒸发镀膜原理示意图

2）气化原子或分子在蒸发源与基片之间的输运，即这些粒子在环境气氛中的飞行过程。飞行过程中与真空室内残余气体分子发生碰撞的次数，取决于蒸发原子的平均自由程，以及从蒸发源到基片之间的距离，常称源-基距。

3）蒸发原子或分子在基片表面上的淀积过程，即蒸气凝聚、成核、核生长、形成连续薄膜。由于基板温度远低于蒸发源温度，因此，沉积物分子在基板表面将直接发生从气相到固相的相转变过程。

上述过程都必须在空气非常稀薄的真空环境中进行。否则，蒸发物原子或分子将与大量空气分子碰撞，使膜层受到严重污染，甚至形成氧化物；或者蒸发源被加热氧化烧毁；或者由于空气分子的碰撞阻挡，难以形成均匀连续的薄膜。

2. 饱和蒸气压

在一定温度下，真空室内蒸发物质的蒸气在固体或液体平衡时所表现出的压力称为该物质的饱和蒸气压。此时蒸发物表面液相、气相处于动态平衡，即到达液相表面的分子全部粘接而不离开，与从液相到气相的分子数相等。物质的饱和蒸气压随温度的上升而增大，在一定温度下，各种物质的饱和蒸气压不相同，且具有恒定的数值。相反，一定的饱和蒸气压必定对应一定的物质的温度。已经规定物质在饱和蒸气压为 10^{-2}Torr 时的温度，称为该物质的蒸发温度。

饱和蒸气压 p_v 与温度 T 之间的数学表达式，可从克拉伯龙-克劳修斯（Clapeylon Clausius）方程式推导出来

$$\frac{\mathrm{d}p_v}{\mathrm{d}T} = \frac{H_v}{T(V_g - V_s)} \tag{2-42}$$

式中，H_v 为摩尔汽化热或蒸发热（J/mol）；V_g 和 V_s 分别为气相和固相或液相的摩尔体积（cm³）；T 为绝对温度（K）。

因为 $V_g \gg V_s$，并假设在低气压下蒸气分子符合理想气体状态方程，则有

$$V_g - V_s \approx V_g, V_g = \frac{RT}{p_v} \qquad (2\text{-}43)$$

式中，R 是气体常数，其值为 8.31J/K·mol。故方程式（2-42）可以写成

$$\frac{\mathrm{d}p_v}{p_v} = \frac{H_v \cdot \mathrm{d}T}{RT^2} \qquad (2\text{-}44)$$

亦可写成

$$\frac{\mathrm{d}(\ln p_v)}{\mathrm{d}(1/T)} = \frac{-H_v}{R}$$

如果把 p_v 的自然对数值与 $1/T$ 的关系作图表示，应该是一条直线。

由于汽化热 H_v 通常随温度只有微小的变化，故可近似地把 H_v 看作常数，于是式（2-44）求积分得

$$\ln p_v = C - \frac{H_v}{RT} \qquad (2\text{-}45)$$

式中，C 为积分常数。式（2-45）常采用常用对数表示为

$$\lg p_v = A - \frac{B}{T} \qquad (2\text{-}46)$$

式中，A、B 为常数，$A = C/2.3$，$B = H_v/2.3R$，A、B 值可由实验确定。而且在实际上，p_v 与 T 之间的关系多由实验确定。且有 $H_v = 19.12B(\mathrm{J/mol})$ 关系存在。式（2-46）即为蒸发材料的饱和蒸气压与温度之间的近似关系式。对于大多数材料而言，在蒸气压小于 1Torr（133Pa）的比较窄的温度范围内，式（2-46）才是一个精确的表达式。

表 2-6 和图 2-15 分别给出了常用金属的饱和蒸气压与温度之间的关系，从图 2-15 的 $\lg p_v \sim 1/T$ 近似直线图看出，饱和蒸气压随温度升高而迅速增加，并且到达正常蒸发速率所需温度，即饱和蒸气压约为 1Pa 时的温度。因此，在真空条件下物质的蒸发要比常压下容易得多，所需蒸发温度也大大降低，蒸发过程也将大大缩短，蒸发速率显著提高。

表 2-6　一些常用材料的蒸气压与温度关系

金属	分子量	不同蒸气压 p_v（Pa）下的温度 T/K						熔点 /K	蒸发速率[①]
		10^{-8}	10^{-6}	10^{-4}	10^{-2}	10^{0}	10^{2}		
Au	197	964	1080	1220	1405	1670	2040	1336	6.1
Ag	107.9	759	847	958	1105	1300	1605	1234	9.4
In	114.8	677	761	870	1015	1220	1520	429	9.4
Al	27	860	958	1085	1245	1490	1830	932	18

（续）

金属	分子量	不同蒸气压 p_v（Pa）下的温度 T/K						熔点 /K	蒸发速率[①]
		10^{-8}	10^{-6}	10^{-4}	10^{-2}	10^{0}	10^{2}		
Ga	69.7	796	892	1015	1180	1405	1745	303	11
Si	28.1	1145	1265	1420	1610	1905	2330	1685	15
Zn	65.4	354	396	450	520	617	760	693	17
Cd	112.4	310	347	392	450	538	665	594	14
Te	127.6	385	428	482	553	647	791	723	12
Se	79	301	336	380	437	516	636	490	17
As	74.9	340	377	423	477	550	645	1090	17
C	12	1765	1930	2140	2410	2730	3170	4130	19
Ta	181	2020	2230	2510	2860	3330	3980	3270	4.5
W	183.8	2150	2390	2680	3030	3500	4180	3650	4.4

① 单位：$J \times 10^{17}$（$cm^{-2} \cdot s^{-1}$）（$p \approx 1 Pa$，黏附系数 $a \approx 1$）。

强调指出，饱和蒸气压 p_v 与温度 T 的关系曲线对于薄膜制作技术有重要的实际意义，它可以帮助我们合理地选择蒸发材料及确定蒸发条件。

3. 蒸发速率

根据气体分子运动论，在处于热平衡状态时，压强为 p 的气体，单位时间内碰撞单位面积器壁的分子数

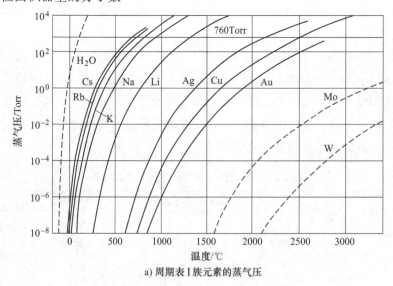

a) 周期表 I 族元素的蒸气压

图 2-15　各种元素的蒸气压与温度关系

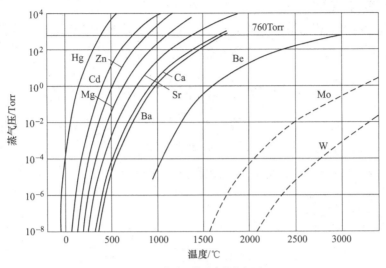

b) 周期表Ⅱ族元素的蒸气压

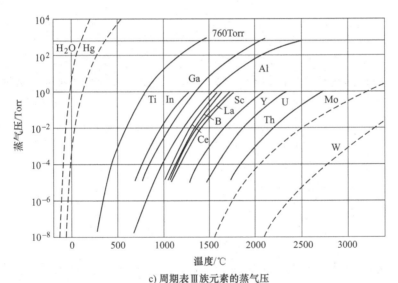

c) 周期表Ⅲ族元素的蒸气压

图 2-15　各种元素的蒸气压与温度关系（续）

$$J = \frac{1}{4}nv_{\mathrm{a}} = \frac{p}{\sqrt{2\pi mkT}} \tag{2-47}$$

式中，n 是分子密度；v_{a} 是算术平均速度；m 是分子质量；k 为玻尔兹曼常数。

如果考虑在实际蒸发过程中，并非所有蒸发分子全部发生凝结，上式可改写为

$$J_e = ap_{\mathrm{v}}\big/ \sqrt{2\pi mkT} \tag{2-48}$$

式中，a 为冷凝系数，一般 $a \leqslant 1$；p_v 为饱和蒸气压。

设蒸发材料表面液相、气相处于动态平衡，到达液相表面的分子全部粘接而不脱离，与从液相到气相的分子数相等，则蒸发速率可表示为

$$J_e = \frac{dN}{A \cdot dt} = \frac{\alpha_e(p_v - p_h)}{\sqrt{2\pi mkT}} \tag{2-49}$$

式中，dN 为蒸发分子（原子）数；α_v 为蒸发系数；A 为蒸发表面积；t 为时间（s）；p_v 和 p_h 分别为饱和蒸气压与液体静压（Pa）。

当 $\alpha_e = 1$ 和 $p_h = 0$ 时，得最大蒸发速率：

$$J_m = \frac{dN}{Adt} = \frac{p_v}{\sqrt{2\pi mkT}} (\mathrm{cm^{-2} \cdot s^{-1}}) \tag{2-50}$$

$$\approx 3.51 \times 10^{22} p_v \left(\frac{1}{\sqrt{TM}}\right) [\text{个}/(\mathrm{cm^2 \cdot s}), \mathrm{Torr}]$$

$$\approx 2.64 \times 10^{24} p_v \left(\frac{1}{\sqrt{TM}}\right) [\text{个}/(\mathrm{cm^2 \cdot s}), \mathrm{Pa}]$$

式中，M 为蒸发物质的摩尔质量。朗谬尔（Langmuir）指出，式（2-49）对于从固体自由表面的蒸发也是正确的。如果对式（2-49）乘以原子或分子质量，则得到单位面积的质量蒸发速率：

$$G = mJ_m = \sqrt{\frac{m}{2\pi kT}} \cdot p_v \tag{2-51}$$

$$\approx 5.83 \times 10^{-2} \sqrt{\frac{M}{T}} \cdot p_v [\mathrm{g}/(\mathrm{cm^2 \cdot s}), \mathrm{Torr}]$$

$$\approx 4.37 \times 10^{-3} \sqrt{\frac{M}{T}} \cdot p_v [\mathrm{kg}/(\mathrm{m^2 \cdot s}), \mathrm{Pa}]$$

此式是描述蒸发速率的重要表达式，它确定了蒸发速率、蒸气压和温度之间的关系。

必须指出，蒸发速率除与蒸发物质的分子量、绝对温度和蒸发物质在温度 T 时的饱和蒸气压有关外，还与材料自身的表面清洁度有关。特别是蒸发源温度变化对蒸发速率影响极大。如果将饱和蒸气压与温度的关系式（2-46）代入式（2-51），并对其进行微分，即可得出蒸发速率随温度变化的关系式，即

$$\frac{dG}{G} = \left(2.3\frac{B}{T} - \frac{1}{2}\right)\frac{dT}{T} \tag{2-52}$$

或

$$\frac{\mathrm{d}G}{G} = \left(\frac{B}{T} - \frac{1}{2} \right) \frac{\mathrm{d}T}{T}$$

对于金属，$2.3B/T$ 通常在 20～30 之间，即有

$$\frac{\mathrm{d}G}{G} = (20 \sim 30) \frac{\mathrm{d}T}{T} \tag{2-53}$$

由此可见，在蒸发温度以上进行蒸发时，蒸发源温度的微小变化即可引起蒸发速率发生很大变化。因此，在制膜过程中，要想控制蒸发速率，必须精确控制蒸发源的温度，加热时应尽量避免产生过大的温度梯度。蒸发速率正比于材料的饱和蒸气压，温度变化 10% 左右，饱和蒸气压就要变化一个数量级左右。

下面计算由于 1% 的温度变化，所引起铝蒸发薄膜生长速率的变化情况。B 值可由式（2-46）计算求得，取为 3.586×10^4（K），在蒸气压为 1Torr 时的蒸发温度值为 1830K，由式（2-53）

$$\frac{\mathrm{d}G}{G} = \left(\frac{3.586 \times 10^4}{1830} - \frac{1}{2} \right) \times 10^{-2} = 0.1909$$

以上说明，蒸发源 1% 的温度变化会引起生长速率有 19% 的改变。

4. 蒸发分子的平均自由程与碰撞概率

真空室内存在着两种粒子，一种是蒸发物质的原子或分孔子，另一种是残余气体分子。真空蒸发实际上都是在具有一定压强的残余气体中进行的。显然，这些残余气体分子会对薄膜的形成过程乃至薄膜的性质产生影响。

由气体分子运动论可求出在热平衡条件下，单位时间通过单位面积的气体分子数 N_g 为

$$N_\mathrm{g} = 3.513 \times 10^{22} \frac{p}{\sqrt{TM}} [\text{个} / (\mathrm{cm}^2 \cdot \mathrm{s})] \tag{2-54}$$

此式与式（2-50）是相同的，式中，p 是气体压强（Torr）；M 是气体的摩尔质量（g）；T 是气体温度（K）；N_g 就是气体分子对基板的碰撞率。

表 2-7 给出几种典型气体分子的 N_g。由该表可见，每秒钟大约有 10^{15} 个气体分子到达单位基板表面，而一般的薄膜淀积速率为几 Å/s（大约 1 个原子层厚）。很显然，在残余气体压强为 10^{-3}Pa 时，气体分子与蒸发物质原子几乎按 1∶1 的比例到达基板表面。气体分子对基板表面的黏附系数，决定于残余气体分子与基板表面的性质以及基板温度等因素。对于化学活性大的基板，黏附系数大约为 1。因此，要获得高纯度的薄膜，就必须要求残余气体的压强应非常低。

表 2-7　气体分子的碰撞次数

物质	分子量	$N_g/(cm^{-2} \cdot s^{-1})$[①]	
		10^{-3}Pa	1Pa
H_2	2	1.4×10^{15}	1.4×10^{18}
Ar	40	3.2×10^{15}	3.2×10^{18}
O_2	32	3.6×10^{15}	3.6×10^{18}
N_2	28	3.8×10^{15}	3.8×10^{18}

① $T=300K$ 时，黏附系数 $a \approx 1$。

蒸发材料分子在残余气体中飞行，这些粒子在不规则的运动状态下，相互碰撞，又与真空室壁相撞，从而改变了原有的运动方向并降低其运动速度。如前所述，粒子在两次碰撞之间所飞行的平均距离称为蒸发分子的平均自由程 λ，并可表示为

$$\lambda = \frac{1}{\sqrt{2} n \pi d^2} = \frac{kT}{\sqrt{2} \pi p d^2}$$

$$= \frac{2.331 \times 10^{-20} T}{p(\text{Torr}) d^2} \qquad (2\text{-}55)$$

$$= \frac{3.107 \times 10^{-18} T}{p(\text{Pa}) d^2}$$

式中，n 是残余气体分子密度；d 是碰撞表面，大约为几个（Å）^{2}。例如，在 10^{-2}Pa$(n \approx 3 \times 10^{12}/cm^3)$ 的气体压强下，蒸发分子在残余气体中的 λ 大约为 50cm，这与普通真空镀膜室的尺寸不相上下。因此，可以说在高真空条件下，大部分的蒸发分子几乎不发生碰撞而直接到达基板表面。

显然，平均自由程及蒸发分子与残余气体分子的碰撞都具有统计规律。设 N_0 个蒸发分子飞行距离 x 后，未受到残余气体分子碰撞的数目

$$N_z = N_0 e^{-z/\lambda}$$

则被碰撞的分子百分数

$$f = 1 - \frac{N_z}{N_0} = 1 - e^{-z/\lambda} \qquad (2\text{-}56)$$

图 2-16 是根据式（2-56）进行计算所得蒸发分子在源-基之间渡越过程中，蒸发分子的碰撞百分数与实际行程对平均自由程之比的曲线。当平均自由程等于源-基距时，大约有 63% 的蒸发分子受到碰撞；如果平均自由程增加 1 倍，则碰撞概率将减小到 9% 左右。由此可见，只当 $\lambda \gg l$（l 为源-基距）时，即只有在平均自由程较源-基距大得多的情况下，才能有效减少蒸发分子在渡越中的碰撞

现象。

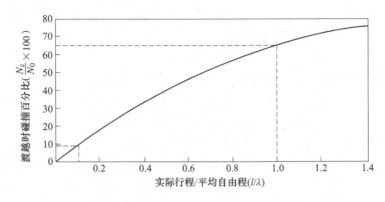

图 2-16　渡越过程中蒸发分子的碰撞概率
与实际行程对平均自由程之比的关系曲线

如果真空度足够高，平均自由程足够大，且满足条件 $\lambda \gg l$，则有 $f \approx 1/\lambda$，将式（2-56）代入后可得

$$f \approx 1.50lp \qquad (2\text{-}57)$$

由此则得出，为了保证镀膜质量，在要求 $f \leqslant 0.1$ 时，若源-基距 $l = 25\text{cm}$ 时，必须 $p \leqslant 3 \times 10^{-3}\text{Pa}$。

除了上述残余气体分子的存在，对平均自由程的影响外，还应注意其对膜层的污染影响，即对于残余气体的组成也应加以注意。一般说来，真空室内的残余气体主要由氧、氮、水汽、扩散泵油蒸气、真空室内支架及夹具以及蒸发源材料所含的污染气体等组成。这些残余气体分子存在于真空室密闭系统中，主要是由于真空系统表面的解吸作用、蒸发源的释气和真空泵的回流扩散现象所形成的。

对于设计优良的真空泵及其系统，泵的回流扩散作用并不严重。除了蒸发源在实际蒸发时所释放的气体以外，当气体压强低于 10^{-4}Pa 时，被解吸的吸附于真空室内各种表面的吸附分子是主要的气体来源。

实际淀积薄膜时，由于残余气体和蒸发薄膜及蒸发源之间的相互反应，情况比较复杂，定量而可靠的实验数据较少。但是，对于大多数真空系统来说，水汽是残余气体的主要组分。水汽可与新生态的金属膜发生反应，生成氧化物而释放出氢气；或者与 W、Mo 等加热器材料作用，生成氧化物和氢。

5. 蒸发所需热量和蒸发粒子的能量

电阻式蒸发源所需热量，除将蒸发材料加热到蒸发所需热量外，还必须考虑蒸发源在加热过程中产生的热辐射和热传导所损失的热量。即蒸发源所需的总热量 Q 为

$$Q = Q_1 + Q_2 + Q_3 \qquad (2\text{-}58)$$

式中，Q_1 为蒸发材料蒸发时所需的热量；Q_2 为蒸发源因热辐射所损失的热量；Q_3 为蒸发源因热传导而损失的热量。

（1）蒸发材料蒸发时所需热量　如果将分子量为 M 重量为 M 克的物质，从室温 T_0 加热到蒸发温度 T 所需的热量为 Q_1，则

$$Q_1 = \frac{W}{M}\left(\int_{T_0}^{T_m} c_S \mathrm{d}T + \int_{T_m}^{T} c_L \mathrm{d}T + L_m + L_v\right) \qquad (2\text{-}59)$$

式中，c_S 是固体比热容（cal/C·mol）；c_L 是液体比热容（cal/C·mol）；L_m 是固体的熔解热（cal/mol）；L_v 是分子蒸发热或汽化热（cal/mol）；T_m 是固体的熔点（K）。当蒸发过程有生成或分解时，还须将这部分热量考虑进去。另外，对直接升华的物质，L_m 和 L_v 的值可不考虑。常用金属材料所需蒸发热量如表 2-8 所示。

表 2-8　常用金属材料所需蒸发热量（在 $p=1\mathrm{Pa}$ 时）

名称	$Q_1/(\mathrm{kJ/g})$	名称	$Q_1/(\mathrm{kJ/g})$
Al	12.98	Cr	8.37
Ag	2.85	Zr	7.53
Au	2.01	Ta	4.60
Ba	1.34	Ti	10.47
Zn	2.09	Pb	1.00
Cd	10.47	Ni	7.95
Fe	79.53	Pt	3.14
Cu	5.86	Pd	4.02

从表中可以看出，不同物质在相同压强下所需的蒸发热是不相同的。

应当指出，蒸发热量 Q 值的 80% 以上是作为蒸发热 L_e 而消耗掉的。此外，还有辐射和传导损失的热量。

（2）热辐射损失的热量估计　这部分损失的热量与蒸发源的形状、结构和蒸发源材料有关，可由下式估计

$$Q_2 = \sigma \alpha_s T^4 \qquad (2\text{-}60)$$

式中，σ 是斯特藩-玻尔兹曼（Stefan-Boltzmann）常数，$\sigma = 5.668 \times 10^{-8} \mathrm{W \cdot m^2 \cdot K^{-4}}$，$\alpha_s$ 为辐射系数，可从物理手册中查知；T 为蒸发温度。

（3）热传导的热量损失　如果按单层屏蔽热传导计算，则

$$Q_3 = \frac{\zeta F(T_1 - T_2)}{S} \qquad (2\text{-}61)$$

式中，ζ 为电极材料的热传导系数；F 为导热面积；S 为导热壁的厚度；T_1 为高

温面温度；T_2 为低温面温度。

蒸发源所需的总热量 Q 即为蒸发源所需的总功率。

2.2.2　热蒸发镀膜工艺分类

蒸发源是蒸发装置的关键部件，大多数金属材料都要求在 1000～2000℃ 的高温下蒸发。因此，必须将蒸发材料加热到很高的蒸发温度。最常用的加热方式有：电阻法和电子束法。下面对两种加热方式的蒸发源进行分别讨论。

1. 电阻蒸发源

采用钽、钼、钨等高熔点金属，做成适当形状的蒸发源，其上装入待蒸发材料，让电流通过，对蒸发材料进行直接加热蒸发，或者把待蒸发材料放入 Al_2O_3、BeO 等坩埚中进行间接加热蒸发，这便是电阻加热蒸发法。由于电阻加热蒸发源结构简单、价廉易作，所以是一种应用很普通的蒸发源。

采用电阻加热法时应考虑蒸发源的材料和形状。

（1）蒸发源材料　通常对蒸发源材料的要求是：

1）熔点要高。因为蒸发材料的蒸发温度（饱和蒸气压为 1Pa 时的温度）多数在 1000～2000℃ 之间，所以蒸发源材料的熔点必须高于此温度。

2）饱和蒸气压低。这主要是为防止或减少在高温下蒸发源材料会随蒸发材料蒸发而成为杂质进入蒸镀膜层中。只有蒸发源材料的饱和蒸气压足够低，才能保证在蒸发时具有最小的自蒸发量，而不至于产生影响真空度和污染膜层质量的蒸气。

表 2-9 列出了电阻加热法中常用蒸发源材料金属的熔点和达到规定的平衡蒸气压时的温度。为了使蒸发源材料蒸发的数量非常少，在选择蒸发源材料时，应使蒸发材料的蒸发温度要低于表 2-10 中蒸发源材料在平衡蒸气压为 10^{-6}Pa 时的温度。在遇到杂质较多的情况下，可采用与 10^{-3}Pa 所对应的温度。

表 2-9　电阻加热法中常用蒸发源材料金属的熔点和达到规定的平衡蒸气压时的温度

蒸发源材料	熔点/K	平衡温度/K		
		10^{-6}Pa	10^{-3}Pa	1Pa
W	2683	2390	2840	3500
Ta	3269	2230	2680	3330
Mo	2890	1865	2230	2800
Nb	2741	2035	2400	2930
Pt	2045	1565	1885	2180
Fe	1808	1165	1400	1750
Ni	1726	1200	1430	1800

3) 化学性能稳定，在高温下不应与蒸发材料发生化学反应。但是，在电阻加热法中比较容易出现的问题，是在高温下某些蒸发源材料与蒸镀材料之间会产生反应和扩散而形成化合物和合金。特别是形成低共熔点合金，其影响非常大。例如，在高温时钽和金会形成合金，铝、铁、镍、钴等也会与钨、钼、钽等蒸发源材料形成合金。

而且形成低共熔合金，熔点就显著下降，蒸发源就很容易烧断。又如 B_2O_3 与 W、Mo、Ta 均有反应，W 还能与水汽或氧发生反应，形成挥发性的氧化物如 WO、WO_2 或 WO_3；Mo 也能与水汽或氧反应而形成挥发性 MoO_3 等。因此，应选择不会与镀膜材料发生反应或形成合金的材料做该材料的蒸发源材料。各种物质蒸发时所用蒸发源见表 2-10 所示。

表 2-10　适合于各种元素的蒸发源

元素	温度/℃		蒸发源材料		备注
	熔点	1Pa	丝状、片状	坩埚	
Ag	961	1030	Ta，Mo，W	Mo，C	按适合程度排列，下同，与 W 不浸润
Al	659	1220	W	BN，TiC/C，TiB_2-BN	可与所有 RM 形成合金，难以蒸发。高温下能与 Ti，Zr，Ta 等反应
Au	1063	1400	W，Mo	Mo，C	浸润 W，Mo；与 Ta 形成合金，Ta 不宜作蒸发源
Ba	710	610	W，Mo，Ta，Ni，Fe	C	不能形成合金，浸润 RM，在高温下与大多数氧化物发生反应
Bi	271	670	W，Mo，Ta，Ni	Al_2O_3，C 等	蒸气有毒
Ca	850	600	W	Al_2O_3	在 He 气氛中预熔解去气
Co	1495	1520	W	Al_2O_3，BeO	与 W，Ta，Wo，Pt 等形成合金
Cr	约1900	1400	W	C	—
Cu	1084	1260	Mo，Ta，Nb，W	Mo，C，Al_2O_3	不能直接浸润 Mo，W，Ta
Fe	1536	1480	W	BeO，Al_2O_3，ZrO_2	与所有 RM 形成合金，蒸发方式宜采用 EBV
Ge	940	1400	W，Mo，Ta	C，Al_2O_3	对 W 溶解度小，浸润 RM，不浸润 C
In	156	950	W，Mo	Mo，C	—
La	920	1730	—	—	蒸发方式宜采用 EBV
Mg	650	440	W，Ta，Mo，Ni，Fe	Fe，C，Al_2O_3	—
Mn	1244	940	W，Mo，Ta	Al_2O_3，C	浸润 RM
Ni	1450	1530	W	Al_2O_3，BeO	与 W，Mo，Ta 等形成合金，蒸发方式宜采用 EBV
Pb	327	715	Fe，Ni，Mo	Fe，Al_2O_3	不浸润 RM
Pd	1550	1460	W（镀 Al_2O_3）	Al_2O_3	与 RM 形成合金
Pt	1773	2090	W	ThO_2，ZrO_2	与 Ta，Mo，Nb 形成合金，与 W 形成部分合金，蒸发方式宜采用 EBV 或溅射

（续）

元素	温度/℃		蒸发源材料		备注
	熔点	1Pa	丝状、片状	坩埚	
Sn	232	1250	Ni-Cr 合金，Mo，Ta	Al_2O_3，C	浸润 Mo，且浸蚀
Ti	1727	1740	W，Ta	C，ThO_2	与 W 反应，不与 Ta 反应，熔化中有时 Ta 会断裂
Tl	304	610	Ni，Fe，Nb Ta，W	Al_2O_3	浸润左边金属，但不形成合金。稍浸润 W，Ta，不浸润 Mo
V	1890	1850	W，Mo	Mo	浸润 Mo，但不形成合金。在 W 中的溶解度很小，与 Ta 形成合金
Y	1477	1632	W	—	
Zn	420	345	W，Ta，Mo	Al_2O_3，Fe，C，Mo	浸润 RM，但不形成合金
Zr	1852	2400	W	—	浸润 W，溶解度很小

注：RM—高熔点金属；EBV—电子束蒸发。

作为改进的办法，是采用氮化硼（BN50%-TiB$_2$50%）导电陶瓷坩埚、氧化锆（ZrO_2）、氧化钍（ThO_2）、氧化铍（BeO）、氧化镁（MgO）、氧化铝（Al_2O_3）坩埚以及石墨坩埚，或者采用蒸发材料自热蒸发源等。

4）具有良好的耐热性，热源变化时，功率密度变化较小；

5）原料丰富，经济耐用。

根据这些要求，在制膜工艺中，常用的蒸发源材料有 W、Mo、Ta 等，或耐高温的金属氧化物、陶瓷或石墨坩埚。表 2-11 列出了 W、Mo、Ta 的主要物理参数。

（2）蒸镀材料对蒸发源材料的"湿润性" 在选择蒸发源材料时，还必须考虑蒸镀材料与蒸发源材料的"湿润性"问题。这种湿润性与蒸发材料的表面能大小有关。高温熔化的蒸镀材料在蒸发源上有扩展倾向时，可以说是容易湿润的；反之，如果在蒸发源上有凝聚而接近于形成球形的倾向时，就可以认为是难于湿润的。图 2-17 示出了蒸发源材料与镀膜材料相互间湿润状态的几种情况。

在湿润的情况下，由于材料的蒸发是从大的表面上发生的且比较稳定，所以可认为是面蒸发源的蒸发；在湿润小的时候，一般可认为是点蒸发源的蒸发。另外，如果容易发生湿润，蒸发材料与蒸发源十分亲合，因而蒸发状态稳定；如果是难以湿润的，在采用丝状蒸发源时，蒸发材料就容易从蒸发源上掉下来。例如 Ag 在钨线上熔化后就会脱落。

另外，关于蒸发源的形状可根据蒸发材料的性质，结合考虑与蒸发源材料的润湿性，制作成不同的形式和选用不同的蒸发源材质。在制作蒸发源时，钨是比较困难的。钨在经高温退火处理后会出现再结晶，这种经过再结晶的钨大约在400℃左右才显示出较好的柔软性。所以制作 W 蒸发源时，必须在较高温度下进行，才能弯制成简单的形状。钼即使在室温下也具有较好的柔软性，加工性良好。钼的柔性最好，很容易加工成型。

表 2-11 蒸发源用金属材料的性质

元素	温度/℃	27	1027	1527	1727	2027	2327	2527
W（熔点：3380℃ 相对密度：19.3）	电阻率（μΩ·cm）	5.66	33.66	50	56.7	66.9	77.4	84.4
	蒸气压（Pa）	—	—	—	$1.3×10^{-9}$	$6.3×10^{-7}$	$7.6×10^{-5}$	$1.0×10^{-3}$
	蒸发速率[g/(cm²·s)]	—	—	—	$1.75×10^{-13}$	$7.8×10^{-11}$	$8.8×10^{-9}$	$1.1×10^{-7}$
	光谱辐射率（0.665μm）	0.470	0.450	0.439	0.435	0.429	0.423	0.419
W（熔点：2630℃ 相对密度：10.2）	电阻率（μΩ·cm）	5.63	35.2（1127℃）	47.0	53.1	59.2（1927℃）	72	78
	蒸气压（Pa）	—	$2.1×10^{-13}$	$8×10^{-9}$	$5×10^{-5}$	$4×10^{-5}$	$1.4×10^{-3}$	$9.6×10^{-3}$
	蒸发速率[g/(cm²·s)]	—	$2.5×10^{-17}$	$1.1×10^{-10}$	$5.3×10^{-9}$	$5×10^{-7}$	$1.6×10^{-5}$	$1.04×10^{-4}$
	光谱辐射率	0.418	—	0.367（1330℃）	0.353（1730℃）	—	—	—
W（熔点：2980℃ 相对密度：16.6）	电阻率（μΩ·cm）	15.5（20℃）	54.8	72.5	78.9	88.3	97.4	102.9
	蒸气压（Pa）	—	—	—	$1.3×10^{-8}$	$8×10^{-8}$	$5×10^{-4}$	$7×10^{-3}$
	蒸发速率[g/(cm²·s)]	—	—	—	$1.63×10^{-12}$	$9.8×10^{-11}$（1927℃）	$5.5×10^{-8}$	$6.6×10^{-7}$
	光谱辐射率	0.490	0.462	0.432	0.421	0.409	0.400	0.394

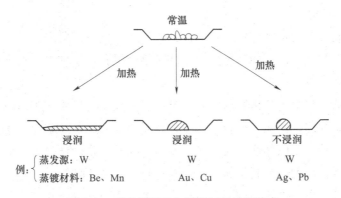

图 2-17　蒸发源材料与镀膜材料湿润状态

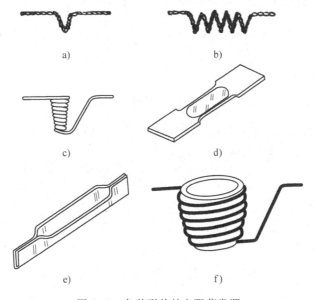

图 2-18　各种形状的电阻蒸发源

丝状蒸发源的线径一般为 0.5~1mm，特殊时可用 1.5mm。螺旋丝状蒸发源常用于蒸发铝，因为铝和钨能互相湿润，但钨在熔融铝中具有一定的溶解性，应予以注意。锥形篮状蒸发源一般用于蒸发块状或丝状的升华材料（如三股）。多股丝可有效防止断线，而且还能增大蒸发表面和蒸发量。

箔状蒸发源的厚度常为 0.05~0.15mm。因为箔状蒸发源具有很大的辐射表面，它的功率消耗要比同样横截面的丝状蒸发源大 4~5 倍。用这类蒸发源蒸发材料时，应避免造成较大的温度梯度，蒸发材料与蒸发源之间要有良好的热接触，否则蒸发材料容易形成局部过热点，不仅引起材料分解，而且造成蒸发料的喷溅。

2. 电子束蒸发源

随着薄膜技术的广泛应用，对膜的种类和质量提出了更多更严的要求。而只采用电阻加热蒸发源已不能满足蒸镀某些难熔金属和氧化物材料的需要，特别是要求制膜纯度很高的需要。

于是发展了将电子束作为蒸发源的方法。将蒸发材料放入水冷铜坩埚中，直接利用电子束加热，使蒸发材料气化蒸发后凝结在基板表面成膜，是真空蒸发镀膜技术中的一种重要的加热方法和发展方向。电子束蒸发克服了一般电阻加热蒸发的许多缺点，特别适合制作高熔点薄膜材料和高纯薄膜材料。

（1）电子束加热原理与特点 电子束加热原理是基于电子在电场作用下，获得动能轰击到处于阳极的蒸发材料上，使蒸发材料加热气化，而实现蒸发镀膜。若不考虑发射电子的初速度，则电子动能 $\frac{1}{2}mv^2$，与它所具有的电功率相等，即

$$\frac{1}{2}mv^2 = eU \tag{2-62}$$

式中，U 是电子所具有的电位（V）；m 是电子质量（$9.1 \times 10^{-28} g$），e 是电荷（$1.6 \times 10^{-19} C$）。因此，得出电子运动速度

$$v = 5.93 \times 10^5 \sqrt{U} (\text{m/s}) \tag{2-63}$$

假如 $U = 10kV$，则电子速度可达 $6 \times 10^4 \text{km/s}$。这样高速运动的电子流在一定的电磁场作用下，使之汇聚成电子束并轰击到蒸发材料表面，使动能变为热能。若电子束的能量

$$W = neU = IUt \tag{2-64}$$

式中，n 为电子密度；I 为电子束的束流（A）；t 是束流的作用时间（s）。因而，其产生的热量 Q 为

$$Q = 0.24Wt \tag{2-65}$$

在加速电压很高时，由上式所产生的热能可足以使蒸发材料气化蒸化，从而成为真空蒸发技术中的一种良好热源。

电子束蒸发源的优点为

1）电子束轰击热源的束流密度高，能获得远比电阻加热源更大的能量密度。可在一个不太小的面积上达到 $10^4 \sim 10^9 \text{W/cm}^2$ 的功率密度，因此可以使高熔点（可高达3000℃以上）材料蒸发，并且能有较高的蒸发速度。如蒸发 W、Mo、Ge、SiO_2、Al_2O_3 等。

2）由于被蒸发材料是置于水冷坩埚内，因而可避免容器材料的蒸发，以及

容器材料与蒸镀材料之间的反应，这对提高镀膜的纯度极为重要。

3）热量可直接加到蒸镀材料的表面，因而热效率高，热传导和热辐射的损失少。

电子束加热源的缺点是电子枪发出的一次电子和蒸发材料发出的二次电子会使蒸发原子和残余气体分子电离，这有时会影响膜层质量。但可通过设计和选用不同结构的电子枪加以解决。多数化合物在受到电子轰击会部分发生分解，以及残余气体分子和膜料分子会部分地被电子所电离，将对薄膜的结构和性质产生影响。更主要的是，电子束蒸镀装置结构较复杂，因而设备价格较昂贵。另外，当加速电压过高时所产生的软 X 射线对人体有一定伤害，应予以注意。

（2）电子束蒸发源的结构型式　依靠电子束轰击蒸发的真空蒸镀技术，根据电子束蒸发源的型式不同，可分为环形枪、直枪（皮洋斯枪）、e 型枪和空心阴极电子枪等几种。环形枪是靠环形阴极来发射电子束，经聚焦和偏转后打在坩埚中，使坩埚内材料蒸发。其结构较简单，但是功率和效率都不高，多用于实验性研究工作，在生产中应用较少。

直枪是一种轴对称的直线加速电子枪，电子从阴极灯丝发射，聚焦成细束，经阳极加速后轰击在坩埚中，使蒸发材料熔化和蒸发。直枪的功率从几百瓦到几千瓦都有。由于聚焦线圈和偏转线圈的应用，使直枪的使用较为方便。它不仅可得到高的能量密度（$\geqslant 100 \mathrm{kW/cm^2}$），而且易于调节控制。它的主要缺点是体积大、成本高，另外蒸镀材料会污染枪体结构和存在灯丝逸出的 Na^+ 污染等。最近，采取在电子束的出口处设置偏转磁场，并在灯丝部位制成有一套独立抽气系统的直枪改进型，如图 2-19 所示。不但避免了灯丝对膜层的污染，而且还有利于提高电子枪的寿命。

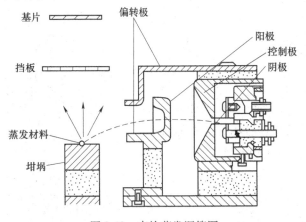

图 2-19　直枪蒸发源简图

　　e 型电子枪是 270°偏转的电子枪，它克服了直枪的缺点，是目前用得较多的电子束蒸发源。其结构和工作原理如图 2-20 所示。所谓 e 型是由电子运动轨迹而得名。由于入射电子与蒸发原子相碰撞而游离出来的正离子，在偏转磁场作用下，产生与入射电子相反方向的运动，因而避免了直枪中正离子对蒸镀膜层的污染。同时 e 型枪也大大减少了二次电子（高能电子轰击材料表面所产生的电子）对基板轰击的概率。

　　由于 e 型枪能有效地抑制二次电子，可以很方便地通过改变磁场来调节电子束的轰击位置。再加上在结构上采用内藏式阴极，既防止了极间放电，又避免了灯丝污染。目前，e 型枪已逐渐取代了直枪和环形枪。

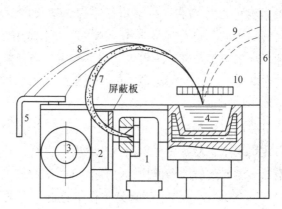

图 2-20　e 型电子枪的结构和工作原理

1—发射体　2—阳极　3—电磁线圈　4—水冷坩埚　5—收集极　6—吸收极
7—电子轨迹　8—正离子轨迹　9—散射电子轨迹　10—等离子体

　　高频感应加热源的工作原理如图 2-21 所示。

　　以电子束蒸发镀膜机（VPT 镀膜机）为例，讲述具体电子束预熔的操作及工作方式。

　　预熔准备：

　　1）在 PUMPING SYSTEM 系统下，点击 AUTOPUMP ON 按钮，自动关闭高阀，等待 20s，再点击 SLOW VENT 阀门，等待真空室门打开；

　　2）清洁真空室，检查电子枪组件，同时完成清洁操作；

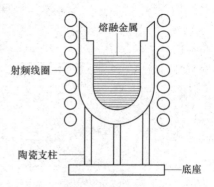

图 2-21　高频感应加热源的工作原理

3）加入蒸发材料后，关闭真空室门。在 PUMPING SYSTEM 系统下，点击 AUTOPUMP OFF 按钮，开始自动抽真空；

4）在真空度达到 $6.6×10^{-3}Pa$ 后，确认气流控制器面板上的开关位置，通道选择旋钮拨到 1 位置，控制旋钮拨到 AUTO 位置，打开气流控制器开关，开始对真空室充氧，真空度达到 $1.3×10^{-2}Pa$、$2.1×10^{-2}Pa$（是否充氧由工艺决定）。

5）将坩埚转动开关由 AUTO 拨到 MANUAL，手动调节坩埚位置和转速；

6）确认 dual EB 电子枪束流旋钮处于零位，面板开关拨到 LOC 位置，蒸发源挡板处于关闭的位置，打开高压电源开关（钥匙和 ON 按钮），等待 5min 后，按 RESET 键完成系统连锁控制，打开高压开关，手动调节发射束流，先使用低的发射束流程序调整光斑位置。再增加发射束流，完成预熔操作；

7）电子枪扫描方式由工艺确定；

8）完成预熔操作后，把气流控制器通道选择旋钮拨到 R 位置，控制旋钮拨到 EXT 位置。把电子枪面板开关由 LOC 位置拨到 REMOTE 位置；

2.2.3 离子束辅助沉积工艺介绍

离子束辅助沉积（Ion Assisted Deposition，IAD）是在镀膜过程中将常规的电子束蒸发技术与离子体电弧技术相结合，它是目前镀制优质光学薄膜的主要方法之一。离子辅助镀膜技术是改善薄膜特性的重要手段，由源提供的高能离子与薄膜沉积分子碰撞后，将动能传递给薄膜分子，使得沉积分子具有很高的迁移率，从而改变薄膜的各种特性。如薄膜的致密度、附着力、应力、牢固度、折射率和吸收等。

离子源对薄膜特性的改变效果，不仅与基板种类、机器结构以及薄膜的制备工艺有关，而且与离子源的种类有关。

依据工作原理不同，当前常用离子源主要分为霍尔离子源、考夫曼离子源、射频离子源以及 APS 离子源。

1. 霍尔离子源

霍尔离子源的工作原理：阴极灯丝两端通电，发热后溢出电子。电子在电场作用下向阳极运动。磁钢是永久磁铁，沿中心向上发散形成锥形磁场。在阳极表面，磁力线与电场线近似垂直交叉。因此，向阳极前进的电子，受洛仑磁力作用（霍尔源电势的起源），遵循左手定则，会在电磁场中做螺旋运动，与工作气体（如氧气和氩气等）碰撞使其离化，在中心区域形成等离子团。

等离子体团的正离子在阳极和阴极电位差以及交叉电磁场所形成的霍尔电压的共同加速作用下，从离子源体内引出，形成高能离子。离子束在离子源出口处被阴极所发射的部分电子中和，形成等离子体，轰向薄膜。

依据上述工作原理可以解释以下几个现象：

1）霍尔源对离子的加速路径是多样的，因此出射离子具有较大的发射角度。

2）原本向阳极螺旋前进的电子，最终会轰击在中心部位俗称的猪鼻子上，沿金属导走，这是霍尔源引起污染的一个重要原因，污染的严重程度取决于猪鼻子的材质。

3）顶部的螺旋灯丝具有双重作用：一是提供加速电子，二是提供中和电子。没有被中和的电子是污染的一个重要诱因。也是沉积过程中薄膜表面温升的一个重要诱因。

霍尔离子源实物如图 2-22 所示，作为无栅离子源，有高离子束流、大角度、低离子束能量（100~120eV）特点，其离子能量发散，有较大的均匀区。适用于大尺寸镀膜机。

2. 考夫曼离子源

考夫曼离子源的工作原理如图 2-23 所示。一般由放电室、离子束引出栅以及中和灯丝三部分组成。

图 2-22　霍尔离子源实物

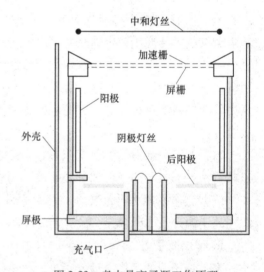

图 2-23　考夫曼离子源工作原理

放电室内阴极由钨丝制成，阴极受热溢出电子。阳极与阴极之间有电场，电场会加速电子。与进入放电室中的工作气体发生碰撞，使其电离，形成等离子体。

屏栅上加正电压，屏蔽放电室内电子，使其不能从栅网跑出。其电压直接决定了拉出离子的能量。

加速栅加负电压，一是可以抑制中和电子以及二次电子回流至放电室；二是可以加速通过栅网的正离子。

在离子加速过程中，部分离子会撞击在加速栅网上，造成损耗。因此，最终拉出的有效离子束流，是屏栅上的离子流减去加速栅上的离子流。离子流经过中和灯丝附近的电子云，最终形成中性的等离子体，向薄膜轰出。

依据上述工作原理，需要注意以下几个现象：

1）加速栅的负电压不能设置过小，否则会引起电子回流，使得离子束流变得很大，这是一种不正常的假象。

2）增大加速栅的负电压，可以在一定程度上加大离子束的发射角。

3）加速电流通常定义为打到加速栅的离子流，因此要尽可能小。

4）中和灯丝只提供中和电子，是污染的一个重要诱因，也是沉积过程中薄膜表面温升的一个重要诱因。

考夫曼离子源实物图如图 2-24 所示，其特点为离子能量可精确控制，污染小，不受环境影响。

3. 射频离子源

射频离子源的工作原理图如图 2-25 所示。工作气体通过一个专门设计的气体绝缘器进入石英放电室，以 13.56MHz 的射频功率通过电感耦合进入放电室，离化工作气体，形成等离子体。等离子体中的正离子，在通过三层栅网时，先后经历加速和减速两个过程，被成功聚焦加速，形成正离子束。

图 2-24　考夫曼离子源实物图

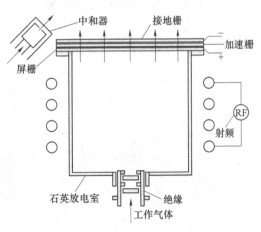

图 2-25　射频离子源工作原理图

中和器提供电子，和正离子束一起，再次形成中性的等离子体。中和器的工作气体为氩气，也是由 13.56MHz 的射频激励气体形成等离子体，经过电场加速拉出电子。

图 2-26 为射频离子源的本体和中和器的实物图，其特点为无极放电，可以保持长时间稳定工作，均匀性区域宽，这对于制备比较厚的高性能薄膜非常有优势，另外，射频离子源的离子能量可以精准控制，离子能量可变范围大，可以产生零漂移薄膜。

图 2-26　射频离子源本体和中和器实物图

4. APS 离子源

APS 离子源的内部如图 2-27 左图所示。离子源在工作过程中，石墨加热器首先给阴极（LaB6）加热，电子会从阴极发射出来，并向阳极运动。磁场线圈通电后产生磁场。电子加速运动穿过磁场，磁场在垂直于电子运动方向上施加洛伦兹力，电子绕着磁感线螺旋向上运动，大大增加了电子与 Ar 原子碰撞的概率。产生带正电的 Ar^+ 和电子，形成等离子体。

图 2-27　APS 离子源实物图

电子加速沿着磁感线离开阴极，因此剩下正电荷，产生偏压，这个偏压就是Ar+轰击基板的能量来源。

一定数量的 Ar⁺加速向阴极运动，对阴极产生溅射，从阴极溅射出来的材料会在阳极桶上沉积一层薄膜。因此，阴极要定期清洁掉这层薄膜。

图 2-27 为 APS 离子源的实物图，其特点为离子效率比较高，高等离子体密度，离子体分布均匀。

图 2-28 是带有等离子源（Advanced Plasma Source）和电子束枪（E-beam gun）的离子辅助沉积示意图。

离子源是由一个 LaB₆ 热阴极、柱状的阳极筒和一个磁场线圈组成，安装在真空室的底部中央位置。其结构如图 2-29 所示。

图 2-28　离子辅助沉积示意图

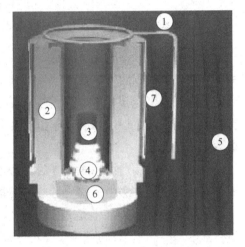

图 2-29　离子源结构图

1—充气环　2—阳极筒　3—阴极　4—加热器
5—真空室基座　6—冷却水　7—法拉第线圈

其工作原理是：LaB₆ 阴极被石墨灯丝加热器间接加热，热阴极受热后发射热电子，在阴极及阳极间加上直流电压，同时充入惰性气体，通常用氩，由于辉光放电产生等离子体，又由于阳极周围是由螺旋管线圈的磁场围绕着，等离子体就在磁场的作用下沿螺线向工件盘运动，由于等离子体的作用，反应气体、蒸发材料的分子或原子也被离化，产生了离子镀的过程。

等离子源相对真空室是电绝缘的，由于电子迁移率高，电子首先到达基片和真空室壁，使阳极与基片和真空室壁产生一个自偏压，如图 2-29 所示，基片相对于离子源为负电位，离化后的离子在电场作用下得到了加速。这样就增加了膜料粒子在基片表面沉积的迁移力，提高了膜层的密度，减小了水汽的浸入。这样一个过程与离子源之间形成一个均匀的等离子体区，由于较高的等离子区密度，反应气体（氧气）通过等离子源上方的环形喷头充入，被激活和部分离化，蒸发物也部分被离化。由此，淀积物气体分子的能量被提高，分子之间的作用力又降低了对气压的要求，这些都有利于薄膜生长，提高薄膜性能。

另外，离子源与基片间的负偏压取决于真空度、提供的放电电压、磁场的强度等因素，在使用中可根据工艺要求来控制离子能量。此离子源可用于蒸镀氧化物、低价氧化物、硫化物、氟化物、半导体以及金属材料等。除此之外，由于离子体源可作用于 $1m^2$ 范围，故可满足大面积均匀薄膜的制备，并有助于提高产量。

4 种离子源的性能对比见表 2-12。

2.2.4 影响热蒸发镀膜质量的工艺参数

薄膜的性质和结构主要决定于薄膜的成核与生长过程，实际上受许多淀积参数的影响，如淀积速率、粒子速度与角分布、粒子性质、衬底温度及真空度等。因此，在气相沉积技术中，为了监控薄膜的性质与生长过程，必须对淀积参数进行有效的测量与监控。在所有沉积技术中，淀积速率和膜厚是最重要的薄膜淀积参数。

显然，实时测量淀积速率方法，通过对时间进行积分后可以实时测量膜厚，而非实时测量的方法则只能测量最终膜厚。从原则上讲，与膜厚相关的任何物理量都能用来确定膜厚。但是，实际并非如此，因为与膜厚有关的大部分物理性质，强烈地受微观结构的影响，即受淀积参数的影响。

1. 膜厚的分类

所谓薄膜是指在基板的垂直方向上所堆积的 $1\sim10^4$ 的原子层或分子层。在此方向上，薄膜具有微观结构。

厚度是指两个完全平整的平行平面之间的距离，是一个可观测到实体的尺寸。因此，这个概念是一个几何概念。理想的薄膜厚度是指基片表面和薄膜表面之间的距离。由于薄膜仅在厚度方向是微观的，其他的两维方向具有宏观大小。所以，表示薄膜的形状，一定要用宏观方法，即采用长、宽、厚的方法。从这个意义上讲，膜厚既是一个宏观概念，又是微观上的实体线度。由于实际上存在的表面是不平整和不连续的，而且薄膜内部还可能存在着针孔、杂质、晶格缺陷和表面吸附分子等。所以要严格地定义和精确测量薄膜的厚度实际上是比较困难的。膜厚的定义应根据测量的方法和目的来决定。因此，同一薄膜，使用不同的测量方法将得到不同的结果，即不同的厚度。

经典模型认为，物质的表面并不是一个抽象的几何概念，而是由刚性球的原子（分子）紧密排列而成，是实际存在的一个物理概念。图 2-30 是实际表面和

表 2-12　4 种离子源的性能对比

离子源	工作原理	优点	缺点	离子束参数	适宜工艺
霍尔源（灯丝型）	1. 热阴极辉光放电产生离子体 2. 电磁场加速	1. 能量小、束流大 2. 结构简单 3. 价格低廉	1. 薄膜波长漂移严重，吸收大 2. 污染较严重 3. 对薄膜温升高	1. 50～150eV 2. 200～1200mA 3. 辐照范围±30°	1. 中高温镀膜 2. AR膜、普通带等 3. 腔体<1550mm
考夫曼源（17cm 栅网）	1. 热阴极辉光放电产生离子 2. 静电场加速	1. 能量大束流小 2. 价格低 3. 薄膜较为致密，有漂移 4. 薄膜有一定吸收	1. 灯丝寿命限制工作时间 2. 须频繁保养 3. 稳定性差 4. 对薄膜有少量污染	1. 100～1000eV 2. 50～600mA 3. 辐照范围±15°	1. 高、低温镀膜 2. AR膜、普通高反等 3. 腔体<1350mm
射频源（17cm 栅网）	1. 射频感应产生等离子体 2. 静电场加速	1. 能量大束流中等 2. 可长时间稳定工作 3. 薄膜致密度高 4. 污染小、薄膜吸收小	1. 放电室需要定期维护 2. 价格昂贵 3. 有技术壁垒，仅少数厂家可生产	1. 100～1200eV 2. 200～1000mA 3. 辐照范围±15°	1. 高、低温镀膜 2. AR膜、DWDM 等 3. 腔体<1350mm 4. 无漂移薄膜
APS 源	1. 热阴极辉光放电产生离子体 2. 电磁场加速	1. 能量小束流大 2. 薄膜致密度高 3. 薄膜吸收相对较小	1. 阴极（LaB6）有毒 2. 价格昂贵，保养费用高 3. 对薄膜有少量污染	1. 50～150eV 2. 1.5～5A 3. 辐照范围±25°	1. 高、低温镀膜 2. AR膜、DWDM 等 3. 腔体<1150mm 4. 无漂移薄膜

平均表面的示意图。平均表面是指表面原子所有的点到这个面的距离代数和等于零,平均表面是一个几何概念。

通常,将基片一侧的表面分子的集合的平均表面称为基片表面 S_S;薄膜上不与基片接触的那一侧的表面的平均表面称为薄膜形状表面 S_T;将所测量的薄膜原子重新排列,使其密度和块状材料相同且均匀分布在基片表面上,这时的平均表面称为薄膜质量等价表面 S_M;根据测量薄膜的物理性质等效为一定长度和宽度与所测量的薄膜相同尺寸的块状材料的薄膜,这时的平均表面称为薄膜物性等价表面 S_P。由此可以定义:

1)形状膜厚 d_T 是 S_D 和 S_T 面之间的距离;

2)质量膜厚 d_M 是 S_S 和 S_M 面之间的距离;

3)物性膜厚 d_P 是 S_S 和 S_P 面之间的距离。

上述几种膜厚定义如图 2-30 所示。形状膜厚 d_T 是最接近于直观形式的膜厚,通常以 μm 为单位。d_T 只与表面原子(分子)有关,并且包含着薄膜内部结构的影响;质量膜厚 d_M 反映了薄膜中包含物质的多少,通常以 $\mu g/cm^2$ 为单位,它消除了薄膜

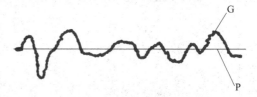

图 2-30 实际表面和平均表面示意图
G—实际表面 P—平均表面

内部结构的影响(如缺陷、针孔、变形等);物性膜厚 d_P 在实际使用上较有用,而且比较容易测量,它与薄膜内部结构和外部结构无直接关系,主要取决于薄膜的性质(如电阻率、透射率等)。三种定义的膜厚往往满足下列不等式:

$$d_T \geq d_M \geq d_P$$

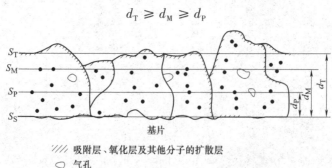

图 2-31 假想的薄膜剖面和膜厚定义示意图

由于实际表面的不平整性,以及薄膜不可避免有各种缺陷、杂质和吸附分子

等存在，如图 2-31 所示，所以不论用哪种方法来定义和测量膜厚，都包含着平均化的统计概念，而且所得膜厚的平均值是包括了杂质、缺陷以及吸附分子在内的薄膜的厚度值。

三种膜厚的测试方法如下：

在形状膜厚的测量方法中，触针法和多次反射干涉法最常用，由它们所确定的膜厚，确实是由表面的形状所决定。在质量膜厚测定中，天平法最常用，但难以实现自动测试，为此多采用石英晶体振荡法代替。一般说来，只要厚度随薄膜物性变化，都能用于物性厚度的测量。并且由于这种方法的灵敏度高、测试容易和比较直观等，所以电物性和电光性的膜厚测量方法应用最广泛。

上述的测量方法，一些方法只能用于薄膜形成以后的测量，而另一些方法则可在薄膜形成的实际过程中监控其膜厚的变化。通过测量单位时间内薄膜的生长厚度，就能用这些监控膜厚的方法来测定薄膜的淀积速率。

下面介绍几种代表性的测试膜厚的方法，见表 2-13。

表 2-13　膜厚的测试方法

膜厚定义	测试手段	测试方法
形状膜厚	机械方法	触针法、测微计法
	光学方法	多次反射干涉法、双光线干涉法
	其他方法	电子显微镜法
质量膜厚	质量测定法	化学天平法、微量天平法、扭力天平法、石英晶体振荡法
	原子数测定法	比色法、X 射线荧光法、离子探针法、放射性分析法
物性膜厚	电学方法	电阻法、电容法、涡流法、电压法
	光学方法	干涉色法、椭圆偏振法、光吸收法

2. 称重法

（1）微量天平法　这个方法是建立在直接测定蒸镀在基片上的薄膜质量基础之上。因此，所使用的天平必须满足专门的要求，具有足够的灵敏度，机械上是刚性的，在较高温度下易于除气并有非周期性的阻尼特性。

它是将微量天平设置在真空室内，把蒸镀的基片吊在天平横梁的一端，测出随薄膜的淀积而产生的天平倾斜，进而求出薄膜的积分堆积量，然后换算为膜厚。由此便可得到质量膜厚。

如果，积分堆积量（质量）为 m，蒸镀膜的密度为 ρ，基片上的蒸镀面积为 A，其膜厚可由下式确定

$$t = \frac{m}{\rho A}$$

（2-66）

式中，ρ 一般采用块材的密度值。

微量天平法的优点：灵敏度高，而且能测定淀积质量的绝对值；能在比较广的范围内选择基片材料；能在淀积过程中跟踪质量的变化等。如与偏光解析法或石英晶体振荡法并用，可用于研究金属薄膜的初期生长过程。

在一定的面积内，测定面积 A 的误差可以保持很小，并可忽略。因此厚度部分的误差 $\mathrm{d}t/t$ 为

$$\frac{\mathrm{d}t}{t} = \frac{\mathrm{d}m}{m} \qquad (2\text{-}67)$$

如果处理得当，测定质量的误差可为 $\pm2\mu g$。

若在淀积薄膜后从真空系统中取出称重量，由于在基片上刚淀积的薄膜暴露在大气时，会立即吸附水气等，吸气后的重量变化可能比微量天平的准确度大 1~2 个数量级。因而，在这种情况下应用此方法测定膜厚，其精确性将受到限制。

此方法的另一个问题是不能在一个基片上测定膜厚的分布，因为所得到的是整个面积 A 上的平均厚度。此外，如果薄膜的实际密度不等于块材密度时，这一等效厚度也就不是真正的厚度。通常由式（2-66）得到的厚度值稍小于实际的厚度值。

（2）石英晶体振荡法　这是一种利用改变石英晶体电极的微小厚度，来调整晶体振荡器的固有振荡频率的方法。利用这一原理，在石英晶片电极上淀积薄膜，然后测基固有频率的变化就可求出质量膜厚。由于此法使用简便，精确度高，已在实际中得到广泛应用。此法在本质上也是一种动态称重法。

石英晶片的固有振动频率 f、波长 λ 和声速 v 之间有以下关系式

$$\lambda f = v \qquad (2\text{-}68)$$

如果石英晶片的厚度为 t，对基波而言，则波长 λ 为

$$\lambda = 2t \qquad (2\text{-}69)$$

再设石英晶片的密度为 ρ，切变弹性系数为 c，则

$$v = \sqrt{c/\rho} \qquad (2\text{-}70)$$

将式（2-69）、式（2-70）代入式（2-68），可得

$$f = \frac{v}{\lambda} = \frac{N}{t} \qquad (2\text{-}71)$$

式中，N 为频率常数，其值 $N = (c/\rho)^{1/2}/2$，对于 AT 切割方式，$N = 1670\text{kHz} \cdot \text{mm}$。

对式（2-71）求导，则得

$$\mathrm{d}f = -\frac{N}{t^2}\mathrm{d}t \qquad (2\text{-}72)$$

由此可知，厚度的变化与振荡频率成正比。式中的负号表示石英晶体厚度增加时其频率下降。

若在蒸镀时石英晶体上接收的淀积厚度（质量膜厚）为 dx，则相应的晶体厚度变化为

$$dt = \frac{\rho_m}{\rho}dx \tag{2-73}$$

式中，ρ_m 为淀积物质的密度；ρ 是石英晶体的密度，其值 $\rho = 2.65 \text{g/cm}^3$。

当 $\rho_m dx$ 在不大的范围内，可把由式（2-73）给出的 dt 代入式（2-72），则得

$$df = -\frac{v^2}{N} \cdot \frac{\rho_m}{\rho} \cdot dx \tag{2-74}$$

此式即为表示振荡频率变化与薄膜质量膜厚之间关系的基本公式。

这种测膜厚方法的优点是测量简单，能够在制膜过程中连续测量膜厚。而且，由于膜厚的变化是通过频率显示的，因此，如果在输出端引入时间的微分电路，就能测量薄膜的生长速度或蒸发速率。其缺点是，测量的膜厚始终是在石英晶体振荡片上的薄膜厚度。并且每当改变晶片位置或蒸发源形状时，都必须重新校正；若在溅射法中应用此法测膜厚，很容易受到电磁干扰。此外，探头（石英晶片）工作温度一般不允许超过 80℃，否则将会带来很大误差。

利用上述原理制成的石英晶体膜厚监控仪国产型号有 MSB-型、SK-1A（B）型等，可用于电阻或电子束蒸发设备上，监控金属、半导体和介质薄膜的厚度。

该方法最高灵敏度是 20Hz 左右，换算为石英晶体的质量膜厚为 12Å。

3. 电学方法

（1）电阻法　由于电阻值与电阻体的形状有关，利用这一原理来测量膜厚的方法称电阻法。电阻法是测量金属薄膜厚度最简单的一种方法。由于金属导电膜的阻值随膜厚的增加而下降，所以用电阻法可对金属膜的淀积厚度进行监控。以制备性能符合要求的金属薄膜。但是，随着薄膜厚度的减小，电阻增大的速率比预料的要大。产生这一现象的原因是由于薄膜界面上的散射和薄膜的结构与大块材料的结构不同，以及附着和被吸附的残余气体对电阻的影响造成的。

此外，超薄薄膜的电导率会发生变化，是因为这种薄膜是不连续的，以岛状结构形式存在，其特性与连续薄膜完全不一样。尽管如此，在相当宽的膜厚范围内，尤其在较高淀积速率和低的残余气体压强条件下，用电阻测量法确定膜厚仍然是适用的。

由于材料的电阻率（或者电导率）通常是与整块材料的形状有关的一个确定值，如果认为薄膜的电阻率与块材相同，则可由下式确定膜厚，即

$$t = \frac{\rho}{R_{\mathrm{S}}} \tag{2-75}$$

式中，R_{S} 为正方形平板电阻器沿其边方向的电阻值，该 R_{S} 值与正方形的尺寸无关，常称为方电阻或面电阻，简称方阻，单位为 $\Omega/\square$。方阻是在实际上经常使用的一个参数。

因此，采用电桥法或欧姆表直接测试出阻值监控片上的淀积薄膜的方电阻值，便可根据式（2-75）得出膜厚值。

用电桥法测量薄膜电阻值（R_{S}）的原理如图 2-32 所示。采用电阻法测量的薄膜电阻值 $R_{膜}$ 范围介于几分之一欧至几百兆欧之间，当达到设计电阻值时，通过继电器控制电磁阀挡板，便可立即停止蒸发淀积。使用普通仪器，电阻测量准确度可达±1%~±0.1%。由于准确确定薄膜的 ρ 值有困难，所以用电阻法测得的膜厚仍有一定误差，通常为≥±5%左右。

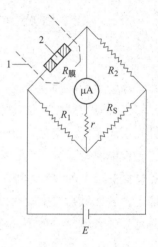

图 2-32　由测量电阻值（R_{S}）来测量膜厚的电桥回路
1—真空室　2—蒸发面

（2）电容法　电介质薄膜的厚度可以通过测量它的电容量来确定。根据这一原理可以在绝缘基板上，按设计要求先淀积出叉指形电极，从而形成平板形叉指形电极，从而形成平板形叉指电容器。当未淀积介质时，叉指电容值主要由基板的介电常数决定。而在叉指上淀积介质薄膜后，其电容值由叉指电极的间距和厚度，以及淀积薄膜的介电系数决定。只要用电容电桥测出电容值，便可确定淀积的膜厚。

另一种方法是在绝缘基板上先形成下电极，然后淀积一层介质薄膜后，再制作上电极，使之形成一个平板形电容器。然后根据平板电容器公式，在测出电容值后，便可计算出淀积介质薄膜的厚度。显然，这种方法只能用于淀积结束后的膜厚测量，而不能用于淀积过程的监控。计算时所需要的 ε 值，可取块材介质的介电系数值。

由于确定介电系数和平板电容器或叉指电容器的表面积（电极）所造成的误差，限制了这种方法的准确性。

（3）电离法　电离法测量膜厚是基于电离真空计的工作原理，在真空蒸发过程中，蒸发物的蒸气通过一只类似 B-A 规式的传感规时，与电子碰撞并被电离，所形成离子流的大小与蒸气的密度成正比。由于残余气体的影响，传感规收集到的离子流由蒸发物蒸气和残余气体两部分离子流组成。如果用一只补偿规测出残余气体离子流的大小，并将两只规的离子流送到差动放大器，再通过电路补偿消除残余气体的离子流，这样得到的差动信号就是蒸发物质的蒸发速率信号，利用此信号可以实现蒸发速率的测量与控制。

电离式监控计只适于真空蒸发镀膜工艺。所用传感规实际上是经过改型的 B-A 真空规，其结构示意图如图 2-33 所示。补偿规的尺寸与传感规定完全相同。二者灵敏度尽可能一致。图 2-34 示出了电离式监控计的原理框图。差动放大器将传感规和补偿两个离子流之差进行放大，就成为蒸发速率信号，再将该信号送到自动平衡记录仪，并同时通过放大调节器送到磁放大器，就可实现对蒸发电源进行自动调节，从而达到控制蒸发速率的目的。

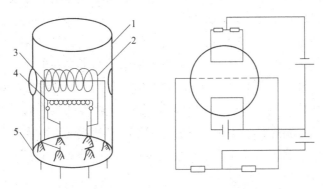

图 2-33　传感规结构示意图

1—带水冷却罩　2—加速极　3—收集极　4—发射极　5—芯柱

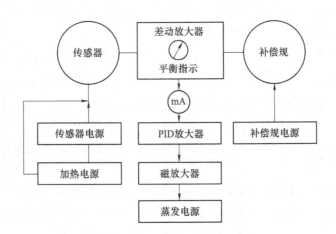

图 2-34　电离式监控计原理框图

4. 光学方法

（1）光吸收法 如果强度为 I_0 的光照射具有光吸收性的薄膜，则透过薄膜的光强度可由下式表示

$$I = I_0 (I - R)^2 \exp(\alpha t) \tag{2-76}$$

式中，t 为膜厚；α 为吸收系数；R 为薄膜与空气界面上的反射率。

显然，通过测量光强度的变化，利用上式可以确定吸收薄膜的厚度。这种方法非常简单，常用于金属蒸发膜厚度测定，且适用于淀积过程的控制。淀积速率一定时，在半对数坐标图上，透射光强与时间的关系是线性的。

这种方法也适用于在一定面积上薄膜厚度均匀性的检测。但必须指出，此方法只适用于能形成连续的、薄的微晶的薄膜材料（如 Ni-Fe 合金等），其他物质（如 Ag）在小的厚度时（约 30nm），透射光强随厚度呈线性衰减。因此，只有能满足式（2-76）的蒸发材料才适用。

（2）光干涉法 光干涉法的理论基础是光的干涉效应。当平行单色光照射到薄膜表面上时，从薄膜的上、下表面反射回来的两束光在上表面相遇后，就发生干涉现象。而且，当一束光入射于薄膜上时，从膜反射的光和透射光的特性将随薄膜厚度而变化。通过测定反映反射光或透射光特性的某个参量，即可测定薄膜的厚度。显然，用这种方法所测量的是薄膜的光学厚度，以入射光的波长 λ 作为计量单位，准确度达 ±10%。如果设膜的折射率 n 与块材相同，则从光学厚度（nt）可求得薄膜的几何厚度 t。

如果两束相干光的波程差等于波长的整数倍，则两束光相互加强。如果波程差等于半波长的奇数倍，则两束光相互削弱。因此，当膜层厚度相差 $\lambda/2$（光学厚度）时，即膜层的几何厚度相差 $\lambda/2n$（n 为薄膜材料的折射率）时，反射率相同，这就是光干涉法测膜厚的基础。

如果淀积了一层折射率小于比较片折射率的材料，并采用单色光源，则淀积开始后，反射率将随膜厚的增加而减小；当薄膜的光学厚度达到 $\lambda/4$ 时，反射率达到最小值。如果继续淀积，则反射率随膜厚的增加而上升，并在薄膜的光学厚度达 $\lambda/2$ 时达到与监控反射率相等的最大值。如此继续下去，下一个最小值的 $3\lambda/4$ 处，最大值在 λ 处……反射率的变化规律如图 2-35 中的曲线 1、曲线 2 所示。

如果薄膜的折射率高于监控比较片，则两界面反射波的相互加强将产生在薄膜的光学厚度为 $\lambda/4$ 处，反射率的最小值将发生在 $\lambda/2$ 处，与监控片的反射率相同。以此类推，下一个最大值将在 $3\lambda/4$ 处，最小值在 λ 处……反射率的变化规律如图 2-35 中曲线 4、曲线 5 所示。

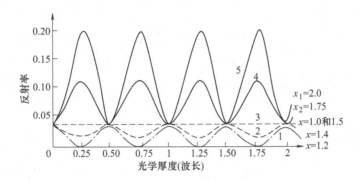

图 2-35　薄膜的反射率与光学厚度的关系

在薄膜淀积过程中，如果记录淀积膜反射率经过极值点的次数，则可监控膜层的厚度。并且还应在反射率达到某一极值时，中断淀积过程。如果淀积中经过极值点的次数为 m 次，则薄膜的光学厚度恰好等于 $m\lambda/4$。

例如，设计淀积 $2\mu m$ 厚的 SiO 薄膜，已知 SiO 的折射率 $n=2.0$，监控片的折射率 $n'=1.5$，单色光的波长 $\lambda=1\mu m$，并假设薄膜的吸收为零，则

$$m \cdot \frac{\lambda}{4} = nt \tag{2-77}$$

式中，n 为淀积薄膜的折射率；t 为淀积薄膜厚度；nt 为淀积薄膜的光学厚度；λ 为入射光波长；m 为系数（$m=0$，1，2，$\cdots$）。

由上式即可解得 $m=16$，若只计算最大值，则只需要注意观察第 8 个最大值即可。

监控透射率的原理与监控反射率是一致的。不过当透射率为极大值时，反射率为极小值，当透射率为极小值时，反射率则相反。它们的极值点是同时发生的，所对应的膜厚也相同。因此，记录透射率在淀积过程中经过极值点的次数，同样可以监控淀积膜的厚度。

需要指出，金属薄膜在可见光范围内吸收性很强，无法观察出极值点。因此，这种方法不适用于测定或监控金属薄膜。

（3）等厚干涉条纹法　如果在楔形薄膜上产生单色干涉光，在一定厚度下就能满足最大和最小的干涉条件，因此，能观察到明暗相间的平行条纹。这已成为膜厚测量的标准方法。如果厚度不规则，则干涉条纹也呈现不规则的形状。

图 2-36 是等厚干涉条纹测量法的原理示意图。产生干涉的膜层是由一小角度的两块光学平板之间的空气隙所形成，其中一块蒸镀有被测薄膜，并在其表面上形成台阶，两块平板上都蒸镀有相同材料的金属薄膜。由于两者之间间隔很小，于是干涉条纹就非常窄。如图 2-37 所示，如果 L 是条纹间距，ΔL 是条纹的

位移，则薄膜厚度可由下式给出

$$t = \frac{\Delta L}{L} \cdot \frac{\lambda}{2} \qquad\qquad (2\text{-}78)$$

式中，λ 是单色光的波长。

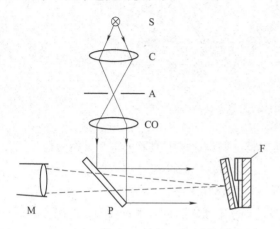

图 2-36　等厚干涉条纹测量法原理

S—光源　C—会聚透镜　A—光阑　CO—准直物镜

P—半透明平板　M—显微镜　F—待测薄膜

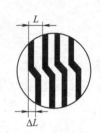

图 2-37　在薄膜台阶
处干涉条纹的位移

5. 触针法

这种方法在针尖上镶有曲率半径为几微米的蓝宝石或金刚石的触针，使其在薄膜表面上移动时，由于试样的台阶会引起触针随之做阶梯式上下运动。再采用机械的、光学的或电学的方法，放大触针所运动的距离并转换成相应的读数，该读数所表征的距离即为薄膜厚度。例如，触针钻石探头半径为 0.00254mm，测试时与样品的接触压力约 0.1g。

常用的电学放大法有以下几种：

1）差动变压器法：利用差动变压器法放大触针上下运动距离的原理如图 2-38a 所示。图中，线圈 2 和线圈 3 的输出反相连接。由于铁心被触针牵动随触针上下移动，此时，线圈 2 和线圈 3 输出差动电信号，放大此信号并显示相应于触针运动距离的数值。

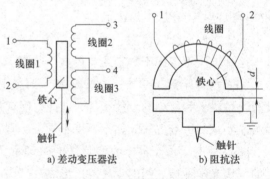

a）差动变压器法　　b）阻抗法

图 2-38　触针测厚计的传感器

2）阻抗放大法：阻抗放大法的原理如图 2-38b 所示。由于触针上下运动使电感器的间隙 d 发生相应的变化时，感抗随之变化，导致线圈阻抗改变。再利用放大电路放大并显示该阻抗的变化量，即可表征触针上下运动的距离。

3）压电元件法：压电元件法是利用压电材料的压电效应来放大并显示触针上下运动的距离。由于触针上下运动，作用在压电晶体元件的压力将随之改变，从而导致元件的电参数也随之改变。放大并显示该电参数的变化量，即可表征触针上下运动的数值。

触针式膜厚测量法广泛用于硬质膜厚的测量，其准确度比多光束干涉法高。但应注意以下几个方面，因为它直接影响触针法的应用与准确度：

1）由于触针尖端的面积非常小，会穿透铝膜等易受损伤的软质膜，并在其上划出道沟，从而产生极大的误差；

2）基片表面的起伏或不平整所造成的"噪声"也会引起误差；

3）被测薄膜与基片之间，必须要有膜-基台阶存在，才能进行测量。

2.3　溅射镀膜工艺

2.3.1　溅射镀膜机理介绍

所谓"溅射"是指荷能粒子轰击固体表面（靶），使固体原子（或分子）从表面射出的现象。射出的粒子大多呈原子状态，常称为溅射原子。用于轰击靶的荷能粒子可以是电子、离子或中性粒子，因为离子在电场下易于加速并获得所需动能，因此大多采用离子作为轰击粒子，该粒子又称入射离子。由于直接实现溅射的机构是离子，所以这种镀膜技术又称为离子溅射镀膜或淀积。与此相反，利用溅射也可以进行刻蚀。淀积和刻蚀是溅射过程的两种应用。溅射这一物理现象是 130 多年前格洛夫（Grove）发现的，现已广泛地应用于各种薄膜的制备之中。如用于制备金属、合金、半导体、氧化物、绝缘介质薄膜，以及化合物半导体薄膜、碳化物及氮化物薄膜，乃至高 T_0 超导薄膜等。

溅射镀膜与真空蒸发镀膜相比，有如下的特点：

1）任何物质均可以溅射，尤其是高熔点、低蒸气压元素和化合物。不论是金属、半导体、绝缘体、化合物和混合物等，只要是固体，不论是块状、粒状的物质都可以作为靶材。

由于溅射氧化物等绝缘材料和合金时，几乎不发生分解和分馏，所以可用于制备与靶材料组分相近的薄膜和组分均匀的合金膜，乃至成分复杂的超导薄膜。

此外，采用反应溅射法还可制得与靶材完全不同的化合物薄膜，如氧化物、氮化物、碳化物和硅化物等。

2）溅射膜与基板之间的附着性好。由于溅射原子的能量比蒸发原子能量高1~2个数量级，因此，高能粒子淀积在基板上进行能量转换，产生较高的热能，增强了溅射原子与基板的附着力。加之，一部分高能量的溅射原子将产生不同程度的注入现象，在基板上形成一层溅射原子与基板材料原子相互"混溶"的所谓伪扩散层。此外，在溅射粒子的轰击过程中，基板始终处于等离子区中，被清洗和激活，清除了附着不牢的淀积原子，净化且活化基板表面。因此，使得溅射膜层与基板的附着力大大增强。

3）溅射镀膜密度高、针孔少，且膜层的纯度较高，因为在油射镀膜过程中，不存在真空蒸镀时无法避免的坩埚污染现象。

4）膜厚可控性和重复性好。由于溅射镀膜时的放电电流和靶电流可以分别控制，通过控制靶电流则可控制膜厚。所以，油射镀膜的膜厚可控性和多次溅射的膜厚再现性好，能够有效地镀制预定厚度的薄膜。此外，溅射镀膜还可以在较大面积上获得厚度均匀的薄膜。

溅射镀膜（主要是二极溅射）的缺点是：溅射设备复杂、需要高压装置；溅射淀积的成膜速度低，真空蒸镀淀积速率为 $0.1~5\mu m/min$，而溅射速率则为 $0.01~0.5\mu m/min$；基板温升较高和易受杂质气体影响等。但是，由于射频溅射和磁控溅射技术的发展，在实现快速溅射淀积和降低基板温度方面已获得了很人的进步。

2.3.2 溅射镀膜工艺分类

溅射镀膜基于荷能离子轰击靶材时的溅射效应，而整个溅射过程都是建立在辉光放电的基础之上，即溅射离子都来源于气体放电。不同的溅射技术所采用的辉光放电方式有所不同。直流二极溅射利用的是直流辉光放电；三极溅射是利用热阴极支持的辉光放电；射频溅射是利用射频辉光放电；磁控溅射是利用环状磁场控制下的辉光放电。

1. 辉光放电

（1）直流辉光放电 溅射是辉光放电中产生的，因此，辉光放电是溅射的基础。辉光放电是在真空度约为 $10~1Pa$ 的稀薄气体中，两个电极之间加上电压时产生的一种气体放电现象。

气体放电时，两电极间的电压和电流的关系不能用简单的欧姆定律来描述，因为二者之间不是简单的直线关系。图 2-39 表示直流辉光放电的形成过程，亦即两电极之间的电压随电流的变化曲线。

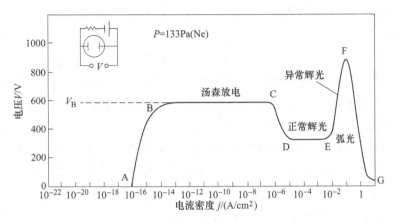

图 2-39　直流辉光放电伏安特性曲线

当两电极加上直流电压时，由于宇宙射线产生的游离离子和电子是很有限的，所以开始时电流非常小，此 AB 区域叫做"无光"放电。随着电压升高，带电离子和电子获得了足够能量，与中性气体分子碰撞产生电离，使电流平稳地增加，但是电压却受到电源的高输出阻抗限制而呈一常数；BC 区域称为"汤森放电区"。在此区内，电流可在电压不变情况下增大。

然后发生"雪崩点火"。离子轰击阴极，释放出二次电子，二次电子与中性气体分子碰撞，产生更多的离子，这些离子再轰击阴极，又产生出新的更多的二次电子。一旦产生了足够多的离子和电子后，放电达到自持，气体开始启辉，两极间电流剧增，电压迅速下降，放电呈现负阻特性。这个 CD 区域叫做过渡区。

在 D 点以后，电流与电压无关，即增大电源功率时，电压维持不变，而电流平稳增加，此时两极板间出现辉光。从这一区域内若增加电源电压或改变电阻来增大电流，两极板间的电压几乎维持不变。从 D 到 E 之间区域叫做"正常辉光放电区"。在正常辉光放电时，放电自动调整阴极轰击面积。最初，轰击是不均匀的，轰击集中在靠近阴极边缘处，或在表面其他不规则处。随着电源功率的增大，轰击区逐渐扩大，直到阴极面上电流密度几乎均匀为止。

E 点以后，当离子轰击覆盖整个阴极表面后，继续增加电源功率，会使放电区内的电压和电流密度，即两极间的电流随着电压的增大而增大，EF 这一区域称"异常辉光放电区"。

在 F 点以后，整个特性都改变了，两极间电压降至很小的数值，电流大小几乎是由外电阻的大小来决定，而且电流越大，极间电压越小，FG 区域称为"弧光放电区"。

下面对各个放电区的性质作进一步说明。

1）无光放电：由于在放电容器中充有少量气体，因而始终有一部分气体分子以游离状态存在着。当两电极上加直流电压时，这些少量的正离子和电子将在电场下运动，形成电流。由于气体分子在这种情况下的自然游离数是恒定的，所以，当正离子和电子一但产生，便被电极拉过去。即使再升高电压，到达电极的电子与离子数目不变。所以此时的电流密度很小，一般情况下仅有 $10^{-16} \sim 10^{-14}$ A。由于此区是导电而不发光，所以称为无光放电区。

2）汤森放电区：在两极电压逐渐升高，电子的运动速度逐渐加快，电子与中性气体分子之间的碰撞不再是低速时的弹性碰撞，而是使气体分子电离。电离为正离子与电子，新产生的电子和原有电子继续被电场加速，使更多的气体分子被电离，于是在伏安曲线上便出现汤森放电区。

上述两种情况的放电，都以有自然电离源为前提，如果没有游离的电子和正离子存在，则放电不会发生。因此，这种放电方式又称为非自持放电。

3）辉光放电：当放电容器两端电压进一步增加时，汤森放电的电流将随着增大。当电流增至 C 点时，极板两端电压突然降低，而这时电流突然增大，并同时出现带有颜色的辉光，此过程称为气体的击穿，图中电压 V_B 称为击穿电压。击穿后气体的发光放电称为辉光放电。这时电子和正离子是来源于电子的碰撞和正离子的轰击，即使自然游离源不存在，导电也将继续下去。而且维持辉光放电的电压较低，且不变，此时电流的增大显然与电压无关，而只与阴极板上产生辉光的表面积有关。

正常辉光放电的电流密度与阴极材料和气体的种类有关。此外，气体的压强与阴极的形状对电流密度的大小也有影响。电流密度随气体压强增加而增大。凹面形阴极的正常辉光放电电流密度，要比平板形阴极大数十倍左右。

由于正常辉光放电时的电流密度仍比较小，所以在溅射等方面均是选择在非正常辉光放电区工作。

4）非正常辉光放电区：在轰击覆盖住整个阴极表面之后，进一步增加功率，放电的电压和电流密度将同时增大，进入非正常辉光放电状态。其特点是：电流增大时，两放电极板间电压升高，且阴极电压降的大小与电流密度和气体压强有关。因为此时辉光已布满整个阴极，再增加电流时，离子层已无法向四周扩散，这样，正离子层便向阴极靠拢，使正离子层与阴极间距离缩短，此时若要想提高电流密度，则必须增大阴极压降，使正离子有更大的能量去轰击阴极，使阴极产生更多的二次电子才行。

在气体成分和电极材料一定条件下，由巴邢定律可知，启辉电压 V 只与气体

压强 p 和电极距离 d 的乘积有关（见图 2-40 所示）。从图可以看出，电压有一个最小值。若气体压强太低或极间距离太小，二次电子在到达阳极前不能使足够的气体分子被碰撞电离，形成一定数量的离子和二次电子，会使辉光放电熄灭。气压太高或极间距离太大，二次电子因多次碰撞而得不到加速，也不能产生辉光。

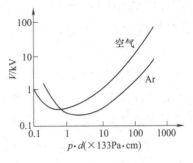

图 2-40　巴邢曲线

（启辉电压 V 与气体压强 p 和电极间距 d 之积的实验曲线）

在大多数辉光放电溅射过程中要求气体压强低，压强与间距乘积一般都在最小值的右边，故需要相当高的启辉电压。在极间距小的电极结构中，经常需要瞬时地增加气体压强，以启动放电。

5）弧光放电区：异常辉光放电时，在某些因素影响下，常有转变为弧光放电的危险。此时，极间电压陡降，电流突然增大，相当于极间短路。且放电集中在阴极的局部地区，致使电流密度过大而将阴极烧毁。同时，骤然增大的电流有损坏电源的危险。弧光放电在气相沉积中的应用，仍在进一步研究之中。

（2）正常与异常辉光放电　两电极之间维持辉光放电时，放电电压与电流之间的函数关系如图 2-39 所示。在一定的电流密度范围内（可为 2～3 个数量级），放电电压维持不变。如前所述，这一区域称为正常辉光区。在此区域内，阴极的有效放电面积随电流增加而增大，从而使阴极有效区内电流密度保持恒定不变。

当整个阴极均成为有效放电区域之后（即整个阴极全部由辉光所覆盖），只有增加阴极的电流密度，才能增大电流，形成均匀而稳定的"异常辉光放电"，从而均匀地覆盖基片，这个放电区就是溅射区域。溅射电压 V、电流密度 j 和气体压强 p 遵守以下关系

$$V = E + \frac{F\sqrt{j}}{p} \tag{2-79}$$

式中，E 和 F 是取决于电极材料、尺寸和气体种类的常数。在达到异常辉光放电区后，继续增大电压，一方面是因为有更多的正离子轰击阴极产生大量电子发射，另一方面是因为阴极暗区随电压增加而收缩，如方程式（2-80）所示

$$p \cdot d = A + \frac{BF}{V - E} \tag{2-80}$$

式中，d 为暗区宽度；A、B 为与电极材料、尺寸和气体种类有关的常数。当电

流密度达到约 $0.1A/cm^2$ 时，电压开始急剧降低，便出现前述的低压弧光放电，在溅射时应力求避免这一现象。另外，暗区从阴极向外扩展的距离是异常辉光区中电压的函数，这一事实常为人们所忽视。在设计溅射装置时，必须加以考虑。

在异常辉光区内，大量离子产生于负辉光中。在这种情况下，任何妨碍负辉光的物体都将影响离子轰击被遮蔽的阴极部分。在等离子体中，由于离子与电子的质量相差悬殊，因而其复合速率很低。但在放电室的壁上（或任何可遇到的表面上），由于其动能可作为热量释出，因此很容易发生复合。如室壁或其他物体正好位于阴极附近，则离子密度和溅射速率的均匀性将发生严重差别。由于离子轰击是清除表面杂质的一种有效方法，因而可产生另一效应。任何此类杂质一经释出后，就成为放电的成分，可能混入所淀积的薄膜中，所以，无关零件应远离阴极及淀积区。

图 2-41 给出了低压直流辉光放电时的暗区和亮区以及对应的电位、场强、空间电荷和辉光的光强分布。对这些放电区间的形成原因解释如下：由于从冷阴极发射的电子能量只有 1eV 左右，很少发生电离碰撞，所以在阴极附近形成阿斯顿暗区。紧靠阿斯顿暗区的是比较明亮的阴极辉光区，它是在加速电子碰撞气体分子后，激发态的气体分子衰变和进入该区的离子复合而形成中性原子所造成的。

随着电子继续加速，获得足够动能，穿过阴极辉光区后，与正离子不易复合，所以又出现一个暗区，叫做克鲁克斯暗区。克鲁克斯暗区的宽度与电子的平均自由程（即压强）有关。随着电子速度的增大，很快获得了足以引起电离的能量，于是离开阴极暗区后便大量产生电离，在此空间由于电离而产生大量的正离子。由于正离子的质量较大，故向阴极的运动速度较慢。所以，由正离子组成了空间电荷并在该处聚积起来，使该区域的电位升高，而与阴极形成很大电位差，此电位差常称为阴极辉光放电的阴极压降。正是由于在此区域的正离子浓度很大，所以电子经过碰撞以后速度降低，使电子与正离子的复合概率增多，从而造成有明亮辉光的负辉光区。经过负辉光区后，多数动能较大的电子都已丧失了能量，只有少数电子穿过负辉光区。

在负辉光区与阳极之间是法拉第暗区和阳极光柱，这些区域几乎没有电压降，唯一的作用是连接负辉光区和阳极。这是因为在法拉第暗区后，少数电子逐渐加速并在空间与气体分子碰撞而产生电离。由于电子数较少，产生的正离子不会形成密集的空间电荷，所以在这一较大空间内，形成电子与正离子密度相等的区域。空间电荷作用不存在，使得此区间的电压降很小，很类似一个良导体。

在溅射过程中，基板（阳极）常处于负辉光区。但是，阴极和基板之间的距离至少应是克鲁克暗区宽度的 3~4 倍。当两极间的电压不变而只改变其距离时，阴极到负辉光区的距离几乎不变。

必须指出，图 2-41 所列的放电区结构是属于长间隙的情况，而溅射时的情况属于短间隙辉光放电，这时并不存在法拉第暗区和正离子柱。

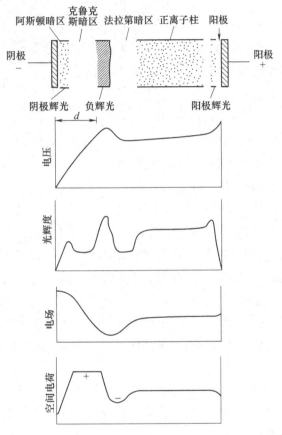

图 2-41　低压直流辉光放电现象及其电特性和光强分布

（3）辉光放电阴极附近的分子状态　如前所述，由于在冷阴极发射时，从阴极发射的电子的初始能量只有 1eV 左右，所以与气体分子不发生相互作用。故在非常靠近阴极的地方是黑暗的，这就是阿斯顿暗区。在使用氩、氖之类工作气体时，这个暗区很明显。可是对于其他气体，这个暗区就很窄，难以观察到。如果使电子加速就会使气体分子激发，激发的气体分子发出固有频率的光波，称为阴极辉光。

若进一步加速电子，会使气体分子发生电离，从而产生大量的离子和低速电子，因此，这个区域几乎不发光，称为克鲁克斯暗区。在这个区域又所形成的低速电子加速，从而激发气体分子，使气体分子发光，这就是负辉光。气体分子从阴极到负辉光区的放电状态如图 2-42 所示。

与溅射现象有关的重要问题主要有两个：一个是在克鲁克斯暗区周围所形成的正离子冲击阴极；另一个是，当两极板间的电压不变而改变两极间的距离时，主要发生变化的是由等离子体构成的阳极光柱部

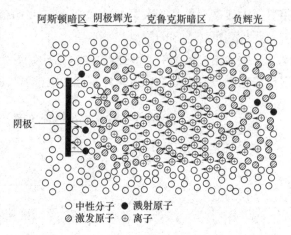

图 2-42　辉光放电过程中阴极附近分子状态示意图

分的长度，而从阴极到负辉光区的距离是几乎不改变的。

这是由于两电极间电压的下降几乎都发生在阴极到负辉光区之间的缘故。因而使由辉光放电产生的正离子撞击阴极，把阴极原子溅射出来，这就是一般的溅射法。阴极与阳极之间的距离，至少必须比阴极与负辉光区之间的距离要长。

（4）低频交流辉光放电　一般很少采用低频交流辉光放电进行溅射。在频率低于 50kHz 的交流电压条件下，离子有足够的活动性，且有充分的时间在每个半周的时间内，在各个电极上建立直流辉光放电。这种放电称为低频交流辉光放电。这一放电基本上与直流辉光放电相同，只是两个电极交替地成为阴极和阳极。

（5）射频辉光放电　在一定气压下，当阴阳极间所加交流电压的频率增高到射频频率时，即可产生稳定的射频辉光放电。射频辉光放电有两个重要的特征：第一，在辉光放电空间产生的电子，获得了足够的能量，足以产生碰撞电离。因而，减少了放电对二次电子的依赖，并且降低了击穿电压。第二，射频电压能够通过任何一种类型的阻抗耦合进去，所以电极并不需要是导体，因而，可以溅射包括介质材料在内的任何材料。因此，射频辉光放电在溅射技术中的应用十分广泛。

一般，在 5~30MHz 的射频溅射频率下，将产生射频放电。这时外加电压的变化周期小于电离和消电离所需时间（一般在 10^{-6}s 左右），等离子体浓度来不及变化。由于电子质量小，很容易跟随外电场从射频场中吸收能量并在场内作振荡运动。但是，电子在放电空间的运动路程不是简单的由一个电极到另一个电极的距离，而是在放电空间不断来回运动，经过很长的路程。因此，增加了与气体

分子的碰撞概率，并使电离能力显著提高，从而使击穿电压和维持放电的工作电压均降低（其工作电压只有直流辉光放电的 1/10）。所以射频放电的自持要比直流放电容易得多。

通常，射频辉光放电可以在较低的气压下进行。例如，直流辉光放电常在 $10^0 \sim 10^{-1}$Pa 进行，射频辉光放电可以在 $10^{-1} \sim 10^{-2}$Pa 进行。另外，由于正离子质量大，运动速度低，跟不上电源极性的改变，所以可以近似认为正离子在空间不动，并形成更强的正空间电荷，对放电起增强作用。

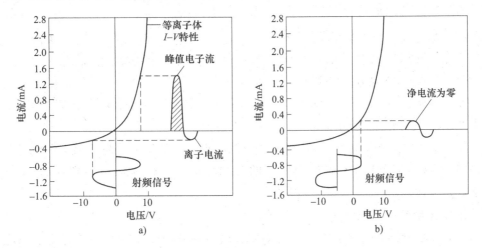

图 2-43　在射频辉光放电情况下，容性耦合表面上
脉动负极性电荷覆盖层的形成

虽然大多数正离子的活动性甚小，可以忽略它们对电极的轰击。但是，若有一个或两个电极通过电容耦合到射频振荡器上，将在该电板上建立一个脉动的负电压。由于电子和离子迁移率的差别，辉光放电的 $I\text{-}V$ 特性类似于一个有漏电的二极管整流器（见图 2-43）。

也就是说，在通过电容器引入射频电压时，将有一个大的初始电流存在，而在第二个半周内仅有一个相对较小的离子电流流过。所以，通过电容器传输电荷时，电极表面的电位必然自动偏置为负极性，直到有效电流（各周的平均电流）为零。平均直流电位 V_s 的数值近似地与所加峰值电压相等。

如果在射频溅射装置中，将溅射靶与基片完全对称配置，正离子以均等的概率轰击溅射靶和基片，溅射成膜是不可能的。实际上，只要求靶上得到溅射，那么这个溅射靶电极必须绝缘起来，并通过电容耦合到射频电源上去。另一电极（真空室壁）为直接耦合电极（即接地电极），而且靶面积必须比直接耦合电极小。设辉光放电空间与靶之间的电压为 V_c，辉光放电空间与直接耦合电极之间

的电压为 V_d（见图 2-44），则两个电压之间存在如下近似理论关系：

$$V_e/V_d = (A_d/A_c)^A \qquad (2\text{-}81)$$

式中，A_c 和 A_d 分别为容性耦合电极（即溅射靶）和直接耦合电极（即接地电极）的面积。实际上，由于直接耦合电极是整个系统的地，包括底板、真空室壁等在内，A_d 尺寸比 A_c 大得多。所以，$V_e \gg V_d$，即 V_c 与 V_d 二者之间在实际上并不具有 4 次方关系。因此，平均壳层电压在靶电位和地之间变化，如图 2-45 所示。所以射频辉光

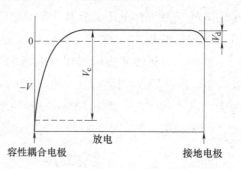

图 2-44 射频辉光放电中从小的电容耦合电极靶到大的直接耦合电极的电压分布

放电时等离子体中离子对接地零件只有极微小的轰击，而对溅射靶却进行强烈轰击并使之产生溅射。

射频放电虽然可在 5～30MHz 频率范围内进行，实际上，通常工业用频率为 13.56MHz，主要是为了避免对通信的干扰，此时气体压强可降到 0.13Pa 或更低。

2. 溅射特性

表征溅射特性的参量主要有溅射率、溅射阈值，以及溅射粒子的速度和能量等。

（1）溅射阈值　所谓溅射阈值是指使靶材原子发生溅射的入射离子所必须具有的最小能量。溅射阈值的测定十分困难，随着测量技术的进步，目前已能测出低于 10^{-5} 原子/离子的溅射率。图 2-45 是用不同能量的 Ar^+ 轰击各种金属元素靶材时得到的溅射率曲线。图 2-46 是不同种类的入射离子以不同能量轰击同一钨靶的溅射率曲线。入射离子不同时，溅射阈值变化很小，而对于不同靶材，溅射阈值的变化比较明显。也就是说，溅射阈值与离子质量之间无明显的依赖关系，而主要取决于靶材料。对处于周期表中同一周期的元素，溅射阈值随着原子序数增加而减小。对绝大多数金属来说，溅射阈值为 10～30eV，相当于升华热的 4 倍左右。表 2-14 列出了几种金属的溅射阈值。

（2）溅射率　溅射率是描述溅射特性的一个最重要物理参量，它表示正离子轰击靶阴极时，平均每个正离子能从阴极上打出的原子数。又称溅射产额或溅射系数，常用 S 表示。

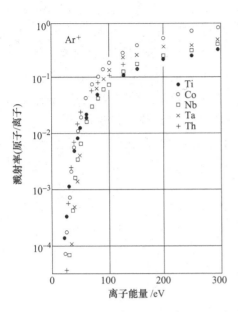

图 2-45　用 Ar+ 溅射
不同靶材的溅射率曲线

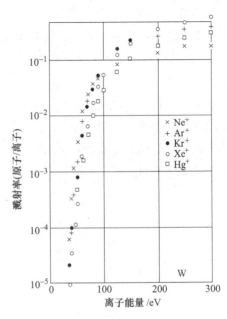

图 2-46　不同的气体离子
轰击钨靶的溅射率曲线

表 2-14　一些金属元素的阈值能量　　　　　　（单位：eV）

原子序数	元素	Ne	Ar	Kr	Xe	原子序数	元素	Ne	Ar	Kr	Xe
4	Be	12	15	15	15	41	Nb	27	25	26	22
11	Na	5	10	—	30	42	Mo	24	24	28	27
13	Al	13	13	15	18	45	Rh	25	24	25	25
22	Ti	22	20	17	18	46	Pd	20	20	20	15
23	V	21	23	25	28	47	Ag	12	15	15	17
24	Cr	22	15	18	20	51	Sb	—	3	—	—
26	Fe	22	20	25	23	73	Ta	25	26	30	30
27	Co	20	22	22	—	74	W	35	25	30	30
28	Ni	23	21	25	20	75	Re	35	35	25	30
29	Cu	17	17	16	15	78	Pt	27	25	22	22
30	Zn	—	3	—	—	79	Au	20	20	20	18
32	Ge	23	25	22	18	90	Th	20	24	25	25
40	Zr	23	22	18	26	92	U	20	23	25	22

溅射率与入射离子的种类、能量、角度及靶材的类型、晶格结构、表面状态、升华热大小等因素有关，单晶靶材还与表面取向有关。

1）靶材料：溅射率与靶材料种类的关系可用靶材料元素在周期表中的位置来说明。在相同条件下，用同一种离子对不同元素的靶材料轰击，得到不相同的溅射率，并且还发现溅射率呈周期性变化，其一般规律是随靶材元素原子序数增加而增大。由图 2-47 可以看出：铜、银、金的溅射率较大；碳、硅、钛、钒、锆、铌、钽、钨等元素的溅射率较小；在用 400eV 的 Xe$^+$ 轰击时，银的溅射率为最大，碳为最小。

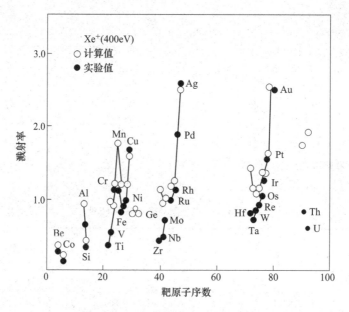

图 2-47　溅射率与靶原子序数的关系

此外，具有六方晶格结构（如镁、锌、钛等）和表面污染（如氧化层）的金属要比面心立方（如镍、铂、铜、银、金、铝等）和清洁表面的金属的溅射率低；升华热大的金属要比升华热小的溅射率低。从原子结构分析上述规律显然与原子的 $3d$、$4d$、$5d$ 电子壳层的填充程度有关。各种元素的溅射率如表 2-15 所示。

2）入射离子能量：入射离子能量大小对溅射率影响显著。当入射离子能量高于某一个临界值（溅射阈值）时，才发生溅射。图 2-47 所示为溅射率与入射离子能量之间的典型关系曲线。该曲线可分为三个区域：

$S \propto E^2$　　　　$E_T < E < 500eV$（E_T 为溅射阈值）

$S \propto E$　　　　$500eV < E < 1000eV$

$S \propto E^{1/2}$　　　　$1000eV < E < 5000eV$

表 2-15　各种元素的溅射率

靶材 元素	Ne⁺				Ar⁺			
	100/eV	200/eV	300/eV	600/eV	100/eV	200/eV	300/eV	600/eV
Be	0.012	0.10	0.26	0.56	0.074	0.18	0.29	0.80
Al	0.031	0.24	0.43	0.83	0.11	0.35	0.65	1.24
Si	0.034	0.13	0.25	0.54	0.07	0.18	0.31	0.53
Ti	0.08	0.22	0.30	0.45	0.081	0.22	0.33	0.58
V	0.06	0.17	0.36	0.55	0.11	0.31	0.41	0.70
Cr	0.18	0.49	0.73	1.05	0.30	0.67	0.87	1.30
Fe	0.18	0.38	0.62	0.97	0.20	0.53	0.76	1.26
Co	0.084	0.41	0.64	0.99	0.15	0.57	0.81	1.36
Ni	0.22	0.46	0.65	1.34	0.28	0.66	0.95	1.52
Cu	0.26	0.84	1.20	2.00	0.48	1.10	1.59	2.30
Ge	0.12	0.32	0.48	0.82	0.22	0.50	0.74	1.22
Zr	0.054	0.17	0.27	0.42	0.12	0.28	0.41	0.75
Nb	0.051	0.16	0.23	0.42	0.068	0.25	0.40	0.65
Mo	0.10	0.24	0.34	0.54	0.13	0.40	0.58	0.93
Ru	0.078	0.26	0.38	0.67	0.14	0.41	0.68	1.30
Rh	0.081	0.36	0.52	0.77	0.19	0.55	0.86	1.46
Pd	0.14	0.59	0.82	1.32	0.42	1.00	1.41	2.39
Ag	0.27	1.00	1.30	1.98	0.63	1.58	2.20	3.40
Hf	0.057	0.15	0.22	0.39	0.16	0.35	0.48	0.83
Ta	0.056	0.13	0.18	0.30	0.10	0.28	0.41	0.62
W	0.038	0.13	0.24	0.32	0.068	0.29	0.40	0.62
Re	0.04	0.15	0.24	0.42	0.10	0.37	0.56	0.91
Os	0.032	0.16	0.30	0.41	0.057	0.36	0.56	0.95
Ir	0.069	0.21	0.44	0.46	0.12	0.43	0.70	1.17
Pt	0.12	0.31	0.84	0.70	0.20	0.63	0.95	1.56
Au	0.20	0.56	0.17	1.18	0.32	1.07	1.65	2.3 (500)
Th	0.028	0.11	0.36	0.36	0.097	0.27	0.42	0.66
U	0.063	0.20	0.52	0.52	0.14	0.35	0.59	0.97

即溅射率最初随轰击离子能量的增加而指数上升，其后出现一个线性增大区，并逐渐达到一个平坦的最大值并呈饱和状态。如果再增加 E，则因产生离子注入效应而使 S 值开始下降。用 Ar^+ 轰击铜时，入射离子能量与溅射率的典型关系如图

2-48 所示，图中能量范围扩大到 100keV，这一曲线可分成三部分：第一部分是没有或几乎没有溅射的低能区域；第二部分的能量从 70eV 增至 10keV，这是溅射率随离子能量增大的区域，用于溅射淀积薄膜的能量值大部分在这一范围内；第三部分是 30keV 以上，这时溅射率随离子能量增加而下降。如前所述，这种下降据认为是由于轰击离子此时深入到晶格内部，将大部分能量损失在靶材体内，而不是消耗在靶表面的缘故。轰击离子越重，出现这种下降的能量就越高。

3）入射离子种类：溅射率依赖于入射离子的原子量，原子量越大，则溅射率越高。溅射率也与入射离子的原子序数有关，呈现出随离子的原子序数周期性变化的关系。这和溅射率与靶材料的原子序之间存在的关系相类似。从图 2-49 可见，在周期表每一排中，凡电子壳层填满的元素就有最大的溅射率。因此，惰性气体的溅射率最高，而位于元素周期表的每一列中间部位元素的溅射率最小。如 Al、Ti、Zr、Hf 等。所以，在一般情况下，入射离子大多采用惰性气体。

考虑到经济性，通常选用氩为工作气体。另外，使用惰性气体还有一个好处是，可避免与靶材料起化学反应。实验表明，在常用的入射离子能量范围内（500~2000eV），各种惰性气体的溅射率大体相同。同时，从图 2-50 还可看到，用不同的入射离子对同一靶材料溅射时，所呈现的溅射率的差异，大大高于用同一种离子去轰击不同靶材所得到的溅射率的差异。

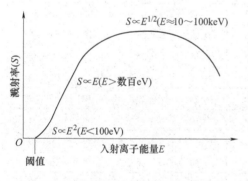

图 2-48　溅射率与入射离子能量的关系

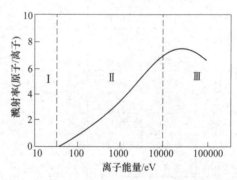

图 2-49　Ar+轰击铜时离子能量与溅射率的关系

4）入射离子的入射角：入射角是指离子入射方向与被溅射靶材表面法线之间的夹角。图 2-51 示出了 Ar+ 对几种金属的溅射率与入射角的关系。可以看出，随着入射角的增加，溅射率逐渐增大，在 0~60° 之间的相对溅射率基本上服从 $1/\cos\theta$ 规律，即 $S(\theta)/S(0)=1/\cos\theta$，$S(\theta)$ 和 $S(0)$ 分别为 θ 角和垂直入射时的溅射率。并且可见，60°时的 S 值约为垂直入射时的 2 倍。

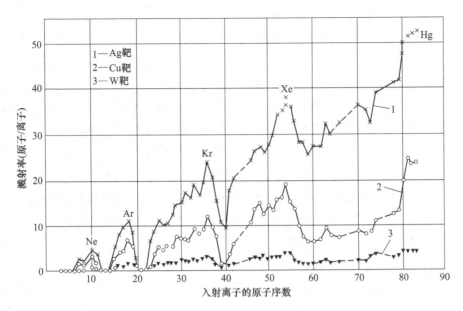

图 2-50　溅射率与入射离子的原子序数的关系

当入射角为 60°～80°时，溅射率最大，入射角再增加时，溅射率急剧减小，当等于 90°时，溅射率为零。这种变化情况的典型曲线如图 2-52 所示，即对于不

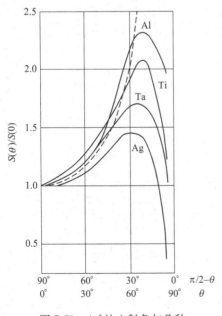

图 2-51　Ar⁺ 的入射角与几种

金属溅射率的关系

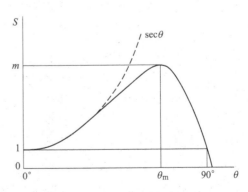

图 2-52　溅射率与离子入射角

的典型关系曲线

同的靶材和入射离子而言，对应的最大溅射率 S 值，有一个最佳入射角 θ_m。另外，实验结果表明，不同的离子加速电压，对入射角 θ_m 值也存在一定影响。一般说来，入射角度与溅射率的关系，对金、银、铜、铂等影响较小；对铝、铁、钛、钽等影响较大；镍、钨等为中等。

另外，大量实验结果表明，不同入射角 θ 的溅射率值 $S(\theta)$，和垂直入射时的溅射率值 $S(\theta)$，对于不同靶材和入射离子的种类，有以下结果：

① 对于轻元素靶材，$S(\theta)/S(0)$ 的比值变化显著；

② 重离子入射时，$S(\theta)/S(0)$ 的比值变化显著；

③ 随着入射离子能量的增加，$S(\theta)/S(0)$ 呈最大值的角度逐渐增大，但是 $S(\theta)/S(0)$ 的最大值，在入射离子的加速电压超过 2kV 时，急剧减小。

对于上述溅射率随离子入射角的变化，可从以下两方面进行解释：首先，入射离子所具有的能量轰击靶材，将引起靶材表面原子的级联碰撞，导致某些原子被溅射。该级联碰撞的扩展范围不仅与入射离子能量有关，还与离子的入射角有关。

显然，在大入射角情况下，级联碰撞主要集中在很浅的表面层，妨碍了级联碰撞范围的扩展。结果低能量的反冲原子的生成率很低，致使溅射率急剧下降。第二，入射离子以弹性反射方式从靶面反射。离子的反射方向与入射角有关。因此，反射离子对随后入射离子的屏蔽阻挡作用与入射角有关。在入射角为 60°~80° 时，其阻挡作用最小而轰击效果最好，故此时溅射率 S 呈最大值。

5）靶材温度：溅射率与靶材温度的依赖关系，主要与靶材物质的升华能相关的某温度值有关，在低于此温度时，溅射率几乎不变。但是，超过此温度时，溅射率将急剧增加。可以认为，这和溅射与热蒸发二者的复合作用有关。图 2-53 是用 45keV 的氙离子（Xe^+）对几种靶材进行轰击时，所得溅射率与靶材温度的关系曲线。由图可见，在溅射时，

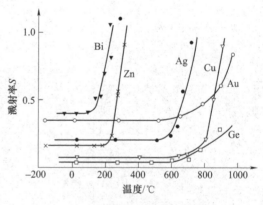

图 2-53 溅射率与温度关系

（用 Xe^+ 以 45keV 对靶进行轰击）

应注意控制靶材温度，防止出现溅射率急剧增加现象的产生。

溅射率除与上述因素有关外，还与靶的结构与靶材的结晶取向、表面形貌、溅射压强等因素有关。综上所述，为了保证溅射薄膜的质量和提高薄膜的淀积速

度，应当尽量降低工作气体的压力和提高溅射率。

（3）溅射原子的能量和速度 溅射原子所具有的能量和速度也是描述溅射特性的重要物理参数。一般由蒸发源蒸发出来的原子的能量为 0.1eV 左右。而在溅射中，由于溅射原子是与高能量（几百~几千 eV）入射离子交换动量而飞溅出来的，所以，溅射原子具有较大的能量。如以 1000eV 加速的 Ar^+ 溅射铝等轻金属元素时，逸出原子的能量约为 10eV，而溅射钨、钼、铂时，逸出原子的能量约为 35eV。一般认为，溅射原子的能量比热蒸发原子能量大 1~2 个数量级，约为 5~10eV。因此，溅射薄膜具有许多优点。

溅射原子的能量与靶材料、入射离子的种类和能量以及溅射原子的方向性等都有关。不同能量的 Hg^+ 轰击 Ag 单晶靶后逸出的 Ag 原子能量分布情况如图 2-54 所示。其能量的分布近似麦克斯韦分布，大部分溅射原子的能量小于 100eV，高能量部分有一拖长的尾巴，平均能量为 10~40eV。轰击离子的能量增加，高能量尾巴也拖得更长。当入射离子能量大于 1000eV 时，所逸出原子的平均能量不再增大。

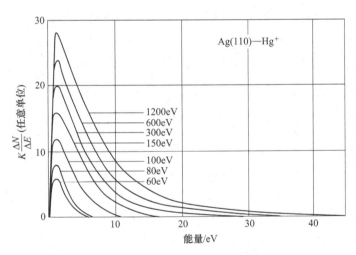

图 2-54 不同能量的 Hg^+ 轰击 Ag 靶时溅射原子的能量分布

用能量为 1200eV 的 Kr^+ 轰击不同元素靶材得到的逸出溅射原子能量分布曲线如图 2-55 所示。Rh、Pd、Ag 在元素周期表中是相邻元素，原子量大体相等，但能量分布曲线却有较大差异。不同种类入射离子轰击不同靶材时，逸出原子的能量分布如图 2-56 所示，可见它们具有相近似的能量分布规律，但能量值的分布范围不相同。

同一离子轰击不同材料时，溅射原子的平均逸出能量和平均逸出速度分别如

图 2-57 和图 2-58 所示，由图可见，当原子序数 $Z>20$ 时，各元素的平均逸出能量差别增大，而平均速度的差别极小。另外由图 2-59 可见，不同方向逸出原子的能量分布也是不相同的。

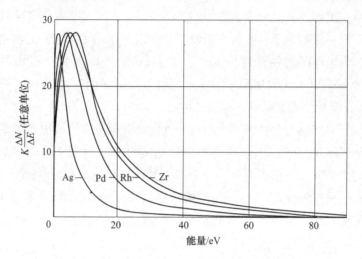

图 2-55　1200eV Kr$^+$轰击不同靶材时逸出原子的能量分布

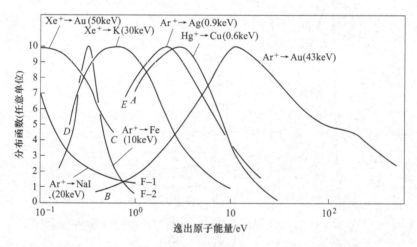

图 2-56　不同入射离子轰击不同靶材时，逸出原子的能量分布

实验结果表明，溅射原子的能量和速度具有以下几个特点：

1）重元素靶材被溅射出来的原子有较高的逸出能量，而轻元素靶材则有高的原子逸出速度；

2）不同靶材料具有不相同的原子逸出能量，而溅射率高的靶材料，通常有较低的平均原子逸出能量；

3）在相同轰击能量下，原子逸出能量随入射离子质量线性增加，轻入射离子溅射出的原子其逸出能量较低，约为 10eV，而重入射离子溅射出的原子其逸出能量较大，平均达到 30~40eV，与溅射率的情形相类似；

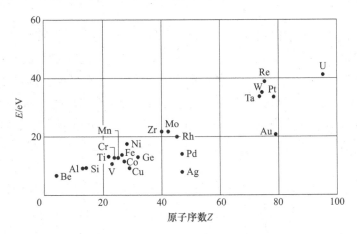

图 2-57　1200eV Kr⁺ 轰击不同靶材时，溅射原子的平均逸出能量

4）溅射原子的平均逸出能量，随入射离子能量增加而增大，当入射离子能量达到 1keV 以上时，平均逸出能量逐渐趋于恒定值；

5）在倾斜方向逸出的原子具有较高的逸出能量，这符合溅射的碰撞过程，遵循动量和能量守恒定律。

此外，实验结果表明，靶材的结晶取向与晶体结构对逸出能量影响不大。溅射率高的材料通常具有较低的平均逸出能量。

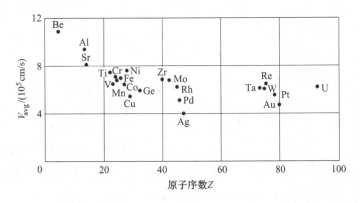

图 2-58　1200eV Kr⁺ 轰击不同靶材时，溅射原子的平均逸出速度

（4）溅射原子的角度分布　研究溅射原子的角度分布，有助于了解溅射机理和建立溅射理论，在实际应用上也有助于控制膜厚的分布。早期的研究认为，

溅射原子角度分布符合克努森的余弦定律，并且与入射离子的方向无关（参见图 2-60 中虚线部分）。这与早期的溅射理论分析相符，即认为溅射的发生是由于高能量的轰击离子产生了局部高温区，从而导致靶材料的蒸发，因此，逸出原子呈现余弦分布规律。

这种理论称为溅射的热峰蒸发理论。但是，以后的进一步研究发现，在有低能离子轰击时，逸出原子的角度分布并不遵从余弦分布规律。垂直于靶表面方向逸出的原子数，明显地少于按余弦分布时应有的逸出原子数，其结果如图 2-61 所示。对于不同的靶材料，角分布与余弦分布的偏差也不相同。而且，改变轰击离子的入射角时，逸出原子数在入射的正反射方向显著增加，如图 2-60 中实线所示，与余弦分布的偏差明显增大。

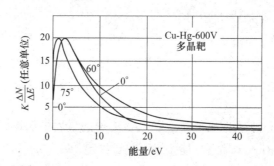

图 2-59　用 Hg^+ 垂直轰击 Cu 多晶靶时，与表面法线成不同角度方向溅射原子的能量分布

另外，实验结果还表明，溅射原子的逸出主要方向与晶体结构有关。显然，这也直接影响其溅射率。对于单晶靶材料，通常，最主要的逸出方向是原子排列最紧密的方向，其次是次紧密的方向。对于面心立方结构晶体，主要的逸出方向为 ［110］ 晶向，其次为 ［100］、［111］ 晶向。

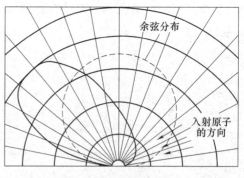

图 2-60　倾斜轰击时溅射原子的角度分布

半导体单晶材料逸出原子的角分布与金属类似，也存在与结晶构造有关的主要逸出方向，即具有各向异性的特点，但不如金属那样明显。

多晶靶材与单晶靶材溅射原子的角度分布有明显的不同，如上所述，对于单晶靶，可观察到溅射原子明显的择优取向，而多晶固体差不多显示一种余弦分布，如图 2-62 所示。

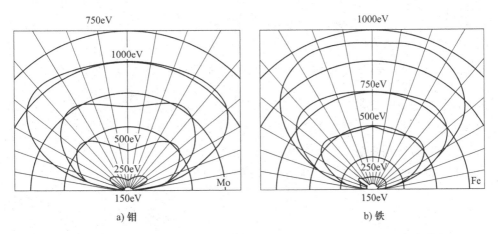

图 2-61　能量为 100~1000eV 的 Hg^+ 垂直入射时，钼和铁的溅射原子角度分布

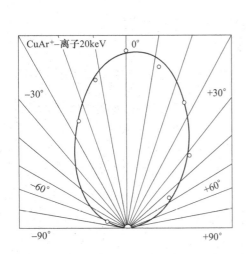

图 2-62　用 20keV Ar^+ 溅射铜时，
溅射原子的余弦分布规律

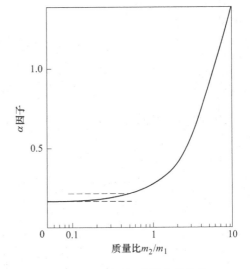

图 2-63　α 因子与质量比的关系

1）确定荷能粒子（入射离子和溅射原子）在表面附近的能量；

2）确定由此产生的低能溅射原子的数目；

3）确定这些溅射原子中到达基板表面的数目；

4）确定到达基板表面的溅射原子中能量超过结合能的原子数目。

由此，可对一般轰击离子求得溅射率的表达式。

1）离子能量 $E<1keV$，在垂直入射时，溅射率的表达式为

$$S = \left(\frac{3}{4\pi^2}\right)\frac{\alpha T_{\mathrm{m}}}{V_0} \tag{2-82}$$

式中，$T_{\mathrm{m}} = \dfrac{4m_1 m_2}{(m_1+m_2)^2}E$，为最大传递能量，对级联碰撞来说，$T_{\mathrm{m}}$ 也是溅射过程最大的反射能量；V_0 是靶材和元素的势垒高度，也是靶材元素的升华能；α 是与 m_2/m_1 有关的量，其关系如图 2-63 所示，对于不同的质量比，其值在 $0\sim1.5$ 之间。m_1 和 m_2 分别是靶原子和入射离子的质量。

2）离子能量 $E>1\mathrm{keV}$，在垂直入射时的溅射率：

$$S = 0.042\alpha S_{\mathrm{n}}(E)/V_0 \mathrm{\AA}^2 \tag{2-83}$$

式中，Å 即埃（$1\mathrm{\AA}=0.1\mathrm{nm}$），$\alpha$ 和 V_0 的意义与上式相同。$S_{\mathrm{n}}(E)$ 由林哈德等给出

$$S_{\mathrm{n}}(E) = 4\pi Z_1 Z_2 e^2 a_{12}[m_1/(m_1+m_2)]S_{\mathrm{n}}(\varepsilon) \tag{2-84}$$

式中

$$\varepsilon = \frac{m_1 E/(m_1+m_2)}{Z_1 Z_2 e^2/a_{12}} \tag{2-85}$$

式中，$a_{12} = 0.8853a_0(Z_1^{2/3}+Z_2^{2/3})^{-1/2}$，称汤姆逊—费米屏蔽半径；$a_0$ 为玻尔半径，$a_0 = 0.0529\mathrm{nm}$；$0.8853 = \dfrac{1}{2}\left(\dfrac{3}{4}\pi\right)^{3/2}$ 称汤姆逊—费米常数；Z_1 为轰击离子的原子序数；Z_2 为靶材的原子序数。

ε 是一个无量纲参数，称为折合能量。$S_{\mathrm{n}}(\varepsilon)$ 称为核阻止截面。ε 与 $S_{\mathrm{n}}(\varepsilon)$ 的关系如表 2-16 所示。

表 2-16　ε 与 $S_{\mathrm{n}}(\varepsilon)$ 的关系

ε	$S_{\mathrm{n}}(\varepsilon)$	ε	$S_{\mathrm{n}}(\varepsilon)$
0.002	0.120	0.4	0.405
0.004	0.154	1.0	0.356
0.01	0.211	2.0	0.291
0.02	0.261	4.0	0.214
0.04	0.311	10	0.128
0.1	0.372	20	0.0813
0.2	0.403	40	0.0493

用 400eV 的 Xe^+ 溅射不同元素靶材，按式（2-85）的计算值与实验值的比较结果示于图 2-47 中。可以看出，Be、Si、Cr、Ni、Cu、Ge、Ru、Rh、Pd、Ag、

Ir、Pt、Au 元素靶的计算值与实验值二者符合度较差，计算值比测量值大一倍左右。这些元素绝大多数是过渡金属元素，其溅射率随 d 层电子的填充数而增加。当 d 层电子达到满层时，S 达到极大值。

3）一般情况下，溅射率的计算式可按下式处理

$$S = W \times 10^5 / mIt \tag{2-86}$$

式中，W 为靶材的损失质量（g）；m 为原子量；I 为离子电流（A）；t 为溅射时间（s）。

$$W = RtAd \tag{2-87}$$

式中，R 为刻蚀速率（cm/s）；A 为样品面积（cm^2）；d 为材料密度（g/cm^3）。

离子电流：

$$I = JA \tag{2-88}$$

式中，J 为离子电流密度（A/cm^2）。

根据以上各式，可得出溅射率为

$$S = \frac{Rd}{mJ} \times 10^5 \tag{2-89}$$

3. 溅射过程

溅射过程包括靶的溅射、逸出粒子的形态、溅射粒子向基片的迁移和在基板上成膜的过程。

（1）靶材的溅射过程　当入射离子在与靶材的碰撞过程中，将动量传递给靶材原子，使其获得的能量超过其结合能量，才可能使靶原子发生溅射。这是靶材在溅射时主要发生的一个过程。实际上，溅射过程十分复杂，当高能入射离子轰击固体表面时，还会产生如图 2-64 所示的许多效应。例如，入射离子可能从靶表面反射，或在轰击过程中捕获电子后成为中性原子或分子，从表面反射；离子轰击靶引起靶表面逸出电子，即所谓次级电子；离子深入靶表面产生注入效应，称离子注入；此外还能使靶表面结构和组分发生变化，以及使靶表面吸附的气体解吸和在高能离子入射时产生辐射射线等。

除了靶材的中性粒子，即原子或分子最终淀积为薄膜之外，其他一些效应会对溅射膜层的生长产生很大的影响。必须指出，图 2-64 中所示的各种效应或现象，在大多数辉光放电镀膜工艺中的基片上，同样可能发生。因为在辉光放电镀膜工艺中，基片的自偏压和接地极一样，都将形成相对于周围环境为负的电位。所以也应将基片视为溅射靶，只不过二者在程度上有很大差异。

由于离子轰击固体表面所产生的各种现象与固体材料种类、入射离子种类及能量有关。表 2-17 示出了用 10~100eV 能量的 Ar$^+$ 对某些金属表面进行轰击时，

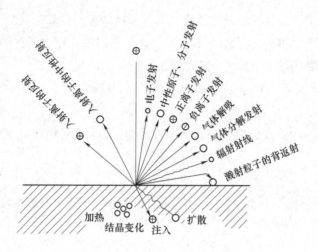

图 2-64　离子轰击固体表面所引起的各种效应

平均每个入射离子所产生各种效应及其发生概率的大致情况。当靶材为介质材料时，一般溅射率比金属靶材的小，但电子发射系数小。

表 2-17　离子轰击固体表面所产生各种效应及其发生概率

效应	名　称	发生概率
溅射	溅射率 S	$S = 0.1 \sim 10$
离子溅射	一次离子反射系数 ρ	$\rho = 10^{-4} \sim 10^{-2}$
离子溅射	被中和的一次离子反射系数 ρ_m	$\rho_m = 10^{-3} \sim 10^{-2}$
离子注入	离子注入系数 α	$\alpha = 1 - (\rho - \rho_m)$
离子注入	离子注入深度 d	$d = 1 \sim 10 \text{nm}$
二次电子发射	二次电子发射系数 γ	$\gamma = 0.1 \sim 1$
二次离子发射	二次离子发射系数 k	$k = 10^{-5} \sim 10^{-4}$

（2）溅射粒子的迁移过程　靶材受到轰击所逸出的粒子中，正离子由于反向电场的作用不能到达基片表面，其余的粒子均会向基片迁移。大量的中性原子或分子在放电空间飞行过程中，与工作气体分子发生碰撞的平均自由程 λ_1 可用下式表示

$$\lambda_1 = \bar{c}_1 / (v_{11} + v_{12}) \qquad (2\text{-}90)$$

式中，$\bar{c}_1$ 是溅射粒子的平均速度；v_{11} 是溅射粒子相互之间的平均碰撞次数；v_{12} 是溅射粒子与工作气体分子的平均碰撞次数。

通常，可认为溅射粒子的密度远小于工作气体分子的密度，则有 $v_{11} \ll v_{12}$，故

$$\lambda_1 \approx \bar{c}_1 / v_{12} \tag{2-91}$$

v_{12} 与工作气体分子的密度 n_2、平均速度 c_2、溅射粒子与工作气体分子的碰撞面积 Q_{12} 有关，并可用下式表示

$$v_{12} = Q_{12} \sqrt{(\bar{c}_1)^2 + (\bar{c}_2)^2} \, n_2 \tag{2-92}$$

或者，$Q_{12} \approx \pi (r_1 + r_2)^2$，这里 r_1、r_2 分别是溅射粒子和工作气体分子的原子半径。

由于溅射粒子的速度远大于气体分子的速度，所以，可认为式（2-92）$v_{12} \approx Q_{\bar{c}_1} n_2$，则溅射粒子的平均自由程可近似地由下式表示

$$\lambda_1 \approx 1 / \pi (r_1 + r_2)^2 n_2 \tag{2-93}$$

例如，Ar^+ 溅射铜靶时，$r_1 = 0.96 \times 10^{-8}$ cm，$r_2 = 1.82 \times 10^{-8}$ cm，$n_2 = 3.5 \times 10^{16}/$ cm^3，（0℃，133Pa），由式（2-93）可算得 $\lambda_1 \approx 11.7 \times 10^{-3}$ cm。此值比中性气体分子间的平均自由程大得多。

溅射镀膜的气体压力为 $10^1 \sim 10^{-1}$ Pa，此时溅射粒子的平均自由程约为 1～10cm，因此，靶与基片的距离应与该值大致相等。否则，溅射粒子在迁移过程中将发生多次碰撞，这样，既降低了靶材原子的动能，又增加靶材的散射损失。

尽管溅射原子在向基片的迁移输运过程中，会因与工作气体分子碰撞而降低其能量，但是，由于溅射出的靶材原子能量远远高于蒸发原子的能量，所以溅射过程中淀积在基片上靶材原子的能量仍比较大，如前所述，其值相当于蒸发原子能量的几十至上百倍。

（3）溅射粒子的成膜过程　薄膜的生长过程中，我们对靶材粒子入射到基片上在沉积成膜过程中应当考虑的几个问题进行如下讨论。

1）淀积速率：淀积速率 Q 是指从靶材上溅射出来的物质，在单位时间内淀积到基片上的厚度，该速率与溅射速率 S 成正比。即有

$$Q = CIS \tag{2-94}$$

式中，C 为与溅射装置有关的特征常数；I 为离子流；S 为溅射率。

上式表明，对于一定的溅射装置（即 C 为确定值）和一定的工作气体，提高淀积速率的有效办法是提高离子电流 I。但是，如前所述，在不增高电压的条件下，增加 I 值就只有增高工作气体的压力。图 2-65 示出了气体压强与溅射率的关系曲线。

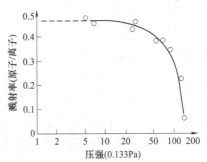

图 2-65　溅射率与气体压强的关系

由图可知，当压强增高到一定值时，溅射率将开始明显下降。这是由于靶材粒子的背反射和散射增大所引起的。事实上，在大约 10Pa 的气压下，从阴极靶溅射出来的粒子中，只有 10% 左右才能够穿越阴极暗区。所以，由溅射率来选择气压的最佳值是比较恰当的。当然，应注意由于气压升高对薄膜质量的影响问题。

2）沉积薄膜的纯度：为了提高淀积薄膜的纯度，必须尽量减少淀积到基片上杂质的量。这里所说的杂质主要指真空室的残余气体。因为，通常有约百分之几的溅射气体分子注入淀积薄膜中，特别在基片加偏压时。若真空室容积为 V，残余气体分压为 p_c，氩气分压为 p_{Ar}，送入真空室的残余气体量为 Q_c，氩气量为 Q_{Ar}，则有

$$Q_c = p_c V \quad Q_{Ar} = p_{Ar} V$$

即

$$p_c = p_{Ar} Q_c / Q_{Ar} \tag{2-95}$$

由此可见，欲降低残余气体压力 p_c，提高薄膜的纯度，可采取提高本底真空度和增加送氩量这两项有效措施。本底真空度应为 $10^{-3} \sim 10^{-4}$ Pa 较合适。

3）淀积过程中的污染：众所周知，在通入溅射气体之前，把真空室内的压强降低到高真空区内（10^{-4} Pa）是很必要的。因此，原有工作气体的分压极低。即便如此，仍可存在许多污染源：

① 真空室壁和真空室中的其他零件可能会吸附气体、水汽和二氧化碳。由于辉光中电子和离子的轰击作用，这些气体可能重新释出。因此，可能接触辉光的一切表面都必须在淀积过程中适当冷却，以便使其在淀积的最初几分钟内达到热平衡；也可在抽气过程中进行高温烘烤。

② 在溅射气压下，扩散泵抽气效力很低，扩散泵油的回流现象可能十分严重。由于阻尼器各板间的间隔距离相当于此压强下的若干倍平均自由程，故仅靠阻尼器将不足以阻止这些气体进入真空室。

因此，通常需要在放电区与阻尼器之间进行某种形式的气体调节，即在系统中利用高真空阀门作为节气阀，即可轻易地解决这一问题。另外，如果将阻尼器与涡轮分子泵结合起来代替扩散泵，将能消除这种污染。

③ 基片表面的颗粒物质对薄膜的影响是会产生针孔和形成淀积污染。因此，淀积前应对基片进行彻底的清洗，尽可能保证基片不受污染或携带微粒状污物。

4）成膜过程中的溅射条件控制：首先，应选择溅射率高、对靶材呈惰性、价廉、高纯的溅射气体或工作气体。一般，氩气是较为理想的溅射气体。其次，应注意溅射电压及基片电位（接地、悬浮或偏压）对薄膜特性的严重影响。溅

射电压不仅影响淀积速率，而且还严重影响薄膜的结构；基片电位则直接影响入射的电子流或离子流，如果对基片有目的地施加偏压，使其按电的极性接收电子或离子，不仅可净化基片表面，增强薄膜附着力，而且还可改变淀积薄膜的结晶结构。此外，基片温度直接影响膜层的生长及特性。

如淀积钽膜时，基片温度在 $200 \sim 400\,^\circ\!C$ 范围内，温度对钽膜特性影响不大，然而在 $700\,^\circ\!C$ 以上高温时，淀积钽膜将成为体心立方结构，而 $700\,^\circ\!C$ 以下则成为四方晶格。靶材中杂质和表面氧化物等不纯物质，是污染薄膜的重要因素。必须注意靶材的高纯度和保持清洁的靶表面。通常在溅射淀积之前对靶进行预溅射是使靶表面净化的有效方法。

此外，在溅射过程中，还应注意溅射设备中存在的诸如电场、磁场、气氛、靶材、基片、温度、几何结构、真空度等参数间的相互影响。因为，这些参数均综合地决定着溅射薄膜的结构与特性。

4. 溅射机理

溅射现象很早就为人们所认识，通过大量实验研究，对这一重要物理现象得出以下几点结论：

1）溅射率随入射离子能量的增加而增大；而在离子能量增加到一定程度时，由于离子注入效应，溅射率将随之减小；

2）溅射率的大小与入射粒子的质量有关；

3）当入射离子的能量低于某一临界值（阈值）时，不会发生溅射；

4）溅射原子的能量比蒸发原子的大许多倍；

5）入射离子的能量低时，溅射原子角分布就不完全符合余弦分布规律。角分布还与入射离子方向有关。从单晶靶溅射出来的原子趋向于集中在晶体密度最大的方向。

6）因为电子的质量小，所以，即使用具有极高能量的电子轰击靶材时，也不会产生溅射现象。

由于溅射是一个极为复杂的物理过程，涉及的因素很多，长期以来对于溅射机理虽然进行了很多的研究，提出过许多的理论，但都不能完善地解释溅射现象。尚未建立一套完整的统一的理论和模型能对所有实验结果做系统阐述和进行定量计算。这里，简单介绍比较成熟的两种理论：热蒸发理论和动量转移理论。

（1）热蒸发理论　早期有人认为，溅射现象是被电离的气体的荷能正离子，在电场的加速下轰击靶表面，而将能量传递给碰撞处的原子，结果导致靶表面碰撞处很小区域内，发生瞬间强烈的局部高温，从而使这个区域的靶材料熔化，发生热蒸发。

热蒸发理论在一定程度上解决了溅射的某些规律和溅射现象，如溅射率与靶材料的蒸发热和轰击离子的能量关系、溅射原子的余弦分布规律等。但是，这一理论不能解释溅射率与离子入射角的关系；单晶材料溅射时，溅射原子的角分布的非余弦分布规律；以及溅射率与入射离子质量的关系等。

（2）动量转移理论　对于溅射特性的深入研究，各种实验结果都表明溅射完全是一个动量转移过程。现在，这一观点已成为定论，因而，溅射又称为物理溅射。

动量转移理论认为，低能离子碰撞靶时，不能从固体表面直接溅射出原子，而是把动量转移给被碰撞的原子，引起晶格点阵上原子的链锁式碰撞。这种碰撞将沿着晶体点阵的各个方向进行。同时，碰撞因在原子最紧密排列的点阵方向上最为有效，结果晶体表面的原子从邻近原子那里得到越来越大的能量，如果这个能量大于原子的结合能，原子就从固体表面被溅射出来。动量转移理论能很好地解释热蒸发理论所不能说明的（如溅射率与离子入射角的关系、溅射原子的角分布规律等）规律。

下面简单介绍这一理论近似的溅射模型和理论计算结果。如前所述，当入射离子的能量较低时，假定它与靶原子以及靶原子之间的相互作用是刚体弹性碰撞，用此模型可形象地描述溅射过程。如图 2-66 所示，当入射刚体原子球击发一堆排列整齐的刚体靶原子时，引起刚

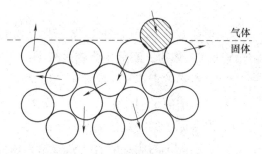

图 2-66　溅射原子的弹性碰撞模型

体球之间一系列相互碰撞，使靶原子球散向各方，靶原子的运动方向沿着原击发原子的逆方向时，就相当于逸出的靶原子。

上述模型没有考虑原子之间存在的功函数，以及原子之间的碰撞性质随能量不同而异等问题，所以，它并不能完全反映溅射的实际过程。但在溅射淀积的能量范围内（0.1~1keV），仍可近似地阐明溅射过程。入射离子轰击所引起靶原子之间的一系列二级碰撞，称为级联碰撞。

两球体间碰撞时有动量和动能的转换。若两个球体碰撞前后动能总和以及动量总和均保持不变，则弹性碰撞后能量就从一个球体转移到另一个球体。

设两个球体的质量分别为 m_1、m_2，若 m_2 静止，m_1 以速度 v_1 在以两个球中心连线成 θ 角方向与 m_2 碰撞，如图 2-67 所示。碰撞前 m_1 的能量为 E_1，碰撞后 m_2 获得的能量为 E_2，则有

$$\frac{E_2}{E_1} = \frac{\frac{1}{2}m_2 v_2^2}{\frac{1}{2}m_1 v_1^2} = \frac{4m_1 m_2}{(m_1 + m_2)^2} \cos^2\theta \qquad (2\text{-}96)$$

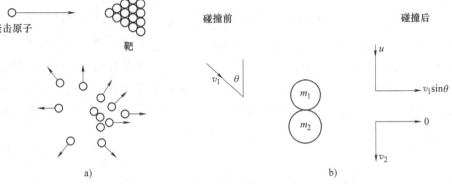

图 2-67 弹性碰撞前后的速度分量

如果碰撞发生在沿球体中心线方向，则 $\theta = 0°$，$\cos\theta = 1$，则

$$E_2 = \frac{4m_1 m_2}{(m_1 + m_2)^2}E_1 = \lambda E_1 \qquad (2\text{-}97)$$

式中，$\lambda = 4m_1 m_2/(m_1 + m_2)^2$ 称为能量转移函数。当 $m_1 = m_2$ 时，$\lambda = 1$，此时 $E_2 = E_1$，这说明两个相同粒子之间碰撞时，运动粒子的能量可以全部转移到静止粒子上去。即靶原子获得最大的能量。

若 $m_1 \ll m_2$ 时，$\lambda \approx 4m_1/m_2 \ll 1$，或 $E_2 = 4\dfrac{m_1}{m_2}E_1 \ll E_1$。这说明如用电子等质量很轻的粒子作为轰击粒子进行溅射的话，则因电子质量与靶原子质量相差太悬殊，只有极少的电子能量转移到靶原子上去，这就说明了电子不能产生溅射作用。

另一种极端情况是 $m_1 \gg m_2$，即用重元素粒子轰击轻元素粒子，同样可以得到 $\lambda \approx 4m_1/m_2 \ll 1$ 即

$$\frac{E_2}{E_1} = \frac{\frac{1}{2}m_v v_2^2}{\frac{1}{2}m_1 v_1^2} = \frac{4m_2}{m_1}$$

则化简后得到

$$v_2 = 2v_1 \qquad (2\text{-}98)$$

此结果表明轻粒子被重粒子碰撞后的速度为碰撞前重粒子速度的二倍。

溅射过程实质上是入射离子通过与靶材碰撞，进行一系列能量交换的过程。入射离子转移到从靶材表面逸出的溅射原子上的能量大约只有入射能量的 1% 左右，而大部分能量则通过级联碰撞而消耗在靶的表面层中，并转化为晶格的热振动。

溅射率 S 是表征溅射特性最主要的物理量。根据能量转移关系式，可以估计到 S 与入射离子的能量 E_1、入射离子的质量 m_1 及靶原子的质量 m_2 有关。但如果考虑到入射离子能量转移到溅射原子的全过程，以及溅射原子只能从靶材表面逸出，则溅射率 S 必与聚积在近表面附近的一薄层中的能量成正比。可以用核阻止截面 $S_n(\varepsilon)$ 来表征聚积的能量。则应用输出理论并作若干假设后，当入射离子能量较低时有

$$S_n(\varepsilon) = 12\pi a^2 \lambda E \tag{2-99}$$

式中，a 为原子之间相互作用的屏蔽半径。

应用输运理论并经简化后，可求得平面靶的溅射率表达式

$$S = \frac{aS_n(\varepsilon)}{16\pi^3 a^2 U_0} \tag{2-100}$$

将式（2-99）代入后得到

$$S = \frac{3\alpha\lambda E}{4\pi^2 U_0} \tag{2-101}$$

式中，α 为 m_2/m_1 的单调上升函数；U_0 为表面势能。在入射能量 $E>1\mathrm{keV}$ 时，还必须计入原子间的相互作用，因而上式可修正为

$$S = 3.56\alpha \frac{Z_1 Z_2}{Z_1^{2/3} + Z_2^{2/3}} \cdot \frac{m_1}{(m_1 + m_2)} \cdot \frac{S_n(\varepsilon)}{U_0} \tag{2-102}$$

式中，Z_1、Z_2 分别为入射离子和靶原子的原子序数。动量转移理论与实验结果在大多数情况下比较符合，目前已被普通接受。按式（2-101）和式（2-102）的理论计算与实测结果如图 2-68 所示。

2.3.3 影响溅射镀膜质量的工艺参数

膜厚的均匀性是衡量薄膜质量和镀膜装置性能的一个重要指标。为了提高膜厚均匀性，可采取优化靶基距、改变基片运动方式、增加挡板机构和实行膜厚监控等措施。

1. 二极溅射的膜厚均匀性

如前所述，溅射镀膜的厚度分布，与溅射粒子的角分布、溅射粒子与气体分

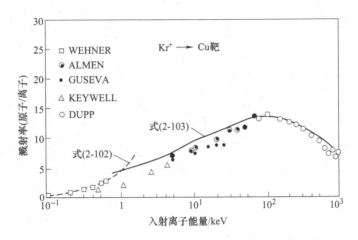

图 2-68　溅射率与入射离子能量关系的理论值与实测值

子的碰撞情况以及靶的配置等因素有关。如果近似地认为溅射粒子角分布服从余弦规律，并忽略溅射粒子与气体分子的碰撞，对于如图 2-69a 所示的平行圆板靶，基片内膜厚分布 d/d_0 可用下式表示

$$\frac{d}{d_0} = \frac{(1 + R/h)^2}{2(R/h)^2}\left\{1 - \frac{1 + (l/h)^2 - (R/h)^2}{\sqrt{[1 - (l/h)^2 + (R/h)^2]^2 + 4(l/h)^2}}\right\} \quad (2\text{-}103)$$

式中，R 是靶的半径；h 是靶基距；d_0 是阳极中心处的膜厚；d 是距阳极中心距离为 l 处的膜厚；l 是考察点与中心的距离。

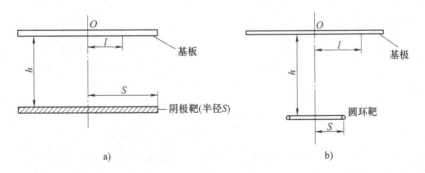

图 2-69　平行圆板靶与圆环靶

若采用图 2-70b 圆环靶时，则膜厚分布为

$$\frac{d}{d_0} = [1 + (R/h)^2]^2 \frac{1 + (l/h)^2 + (R/h)^2}{\{[1 - (l/h)^2 + (R/h)^2]^2 + 4(l/h)^2\}^{3/2}} \quad (2\text{-}104)$$

根据式（2-104）的计算结果，不同 S/h 比值时的膜厚分布如图 2-70 所示。

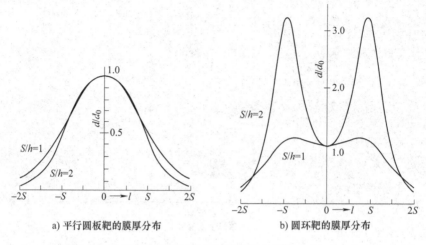

a) 平行圆板靶的膜厚分布   b) 圆环靶的膜厚分布

图 2-70   平行圆板靶与圆环靶的膜厚分布

2. 磁控溅射的膜厚均匀性

对于磁控溅射镀膜，由于存在着电磁场的不均匀性，尤其是磁场的不均匀分布，所造成的不均匀的等离子体密度，将导致靶原子的不均匀溅射和不均匀淀积。因此，膜厚不均匀性问题必须引起注意。

（1）圆形平面磁控靶　圆形平面磁控靶的几何参数如图 2-71 所示。由于磁控溅射镀膜存在着靶的刻蚀区，这时其膜厚分布为

$$d = \frac{2Sh}{\pi\rho_0(R_2^2 - R_1^2)} \int \frac{(h^2 + A^2 + R^2)RdR}{\left[(h^2 + A^2 + R^2 + 2AR)(h^2 + A^2 + R^2 - 2AR)\right]^{3/2}}$$

（2-105）

式中，d 为基片上 P 点的膜厚；S 为磁控靶的溅射率；ρ_0 为靶材密度；h 为靶基距；R_1、R_2 为刻蚀区的内、外半径（一般取为磁极间隙的内外半径）。

当 $A = 0$ 时，即得基片中心处的膜厚 d_0

$$d_0 = \frac{2Sh}{\pi\rho_0(R_2^2 - R_1^2)} \cdot \frac{R_2^2 - R_1^2}{2(h^2 + R_1^2)(h^2 + R_2^2)}$$

（2-106）

比较 d 与 d_0，即求出膜厚的相对变化 d/d_0，然后经过计算便可求出最佳的靶基距 h 值，通常 $h \approx 2R_2$。

（2）S 枪磁控靶　对于倒锥形靶的 S 枪磁控靶可以简化为图 2-72 所示，看成为由若干个丝状环形源的集合，其膜厚分布

$$d = \frac{2S}{\pi\rho_0(R_2^2 - R_1^2)} \int \frac{h_0^2(h_0^2 + A^2 + R^2)RdR}{\left[(h_0^2 + A^2 + R^2 + 2AR)(h_0^2 + A^2 + R^2 - 2AR)\right]^{3/2}}$$

（2-107）

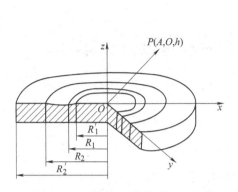

图 2-71　圆形平面磁控靶的几何参数

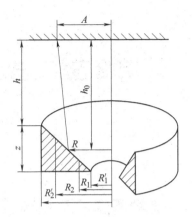

图 2-72　S 枪磁控靶的简化几何参数

式中，S 为 S 枪磁控靶的溅射率；ρ_0 为靶材密度；R_1、R_2 为 S 枪靶刻蚀区的内、外半径；R 为丝状环形源半径；h_0 为丝状环形源到基片的垂直距离，由该图：

$$h_0 = aR + b \tag{2-108}$$

式中，$a = \dfrac{Z}{R_2' - R_1'}$；$b = h + \dfrac{Z}{R_2' - R_1'} R_2'$；$Z$ 为 S 枪靶的高度；R_1'、R_2' 分别为 S 枪靶的内、外半径；h 为靶基距。

根据 S 枪磁控靶的磁场分布及其结构，确定靶刻蚀区半径 R_1、R_2，利用上述公式可算出与轴线距离为任意点 A 处的膜厚 d_0。

当 $A = 0$ 时，得到轴线处的膜厚 d_0 为

$$d_0 = \frac{2S}{\pi \rho_0 (R_2^2 - R_1^2)} \int_{R_1}^{R_2} \frac{(aR + b)^2 R \mathrm{d}R}{\left[(aR + b)^2 + R^2\right]^2} \tag{2-109}$$

比较 d 与 d_0 便得出膜厚的相对变化率 d/d_0。经计算可得出膜厚均匀的靶基距 h 值。通常，$h = 1.5 \sim 2R_2$。

但在 S 枪靶溅射中，靶原子散射较严重，故以圆环形理论计算的膜厚分布与实际值存在着一定偏差，尤其在小角度范围内偏差较大。但若保证溅射靶与基片的直径比小于 2，则可忽略小角度内的影响。

第3章 光学薄膜检测技术

3.1 光学薄膜反射率和透过率测量

3.1.1 光谱分析测试系统原理

透射率与反射率是光学薄膜器件最基本的光学特性，因此，薄膜器件透射率与反射率的测试是光学薄膜的基本测试技术。薄膜的透射率与反射率主要采用光谱测试分析仪进行测试。

作为光谱仪的一种，用于光学薄膜测试的光谱仪可以按照测试波段的不同分成紫外-可见分光光度计、红外分光光度计以及红外傅里叶光谱仪等。前两者采用光谱分光原理的分析测试系统，后者则基于干涉原理的光谱分析系统。由于薄膜器件几何结构与形状的不同，虽然都是透射率与反射率的测量，但是对于不同几何形状的样品，或不同的准确度，或不同的偏振要求，就可能需要不同的测试方法与技术。这些都要求我们必须对薄膜的透射/反射的基本测试方法与测试技术有一个较好的理解。

1. 分光光度计的基本原理

单色仪型的分光光度计的主要组成部分如图 3-1 所示。光源发出要检测波段的光束，经过照明系统的光束整形后汇聚于单色仪的入射狭缝，经单色仪分光后由出射狭缝出射单色光，经过样品池后，为光电传感器接收，转化为电子信号后进入计算机处理。分光光度计的单色仪可以放在样品池之前，也可以放在样品池之后。

分光光度计各部分的组成与作用分别为光源提供测量波段中所要求的各种波长的光束。为了得到准确的测试数据，光源的强度应保持不变，所以都使用稳压电源供电。一般情况下，在可见光波段，光源采用钨丝灯或卤钨灯，在紫外光区采用氢灯，在红外光区则采用卤钨灯和硅碳棒灯。单色仪由色散元件、狭缝机构以及色散元件的扫描驱动几个部分组成。常用的色散元件是棱镜和光栅。

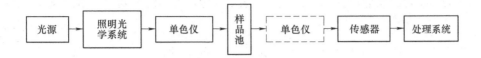

图 3-1　单色仪型的分光光度计的主要组成部分

早期的产品多用棱镜，目前主要采用光栅作为色散元件。光栅的优点是色散大，分辨率大，并且光谱均匀排布。新型的凹面光栅还使光路系统得以简化并且能量损失减小。单色仪利用狭缝将色散元件产生的空间分布不同波长的光分离开，狭缝具有一定的宽度，使得从单色仪出来的单色光总是包含很窄波长范围的光带。狭缝的照明是否均匀对测量的准确性影响极大。

随着薄膜器件性能的提高，特别是超窄带薄膜滤光片的应用日益广泛，分光光度系统中还往往采用双单色系统，以增加系统的波长分辨率并压制高级像差的噪声。这在目前高端分光光度仪系统中是十分常见的配置。

光电传感系统由光电探测器和处理电路组成。在紫外-可见光区域，光电接收器采用光电晶体管、光电倍增管或阵列光电传感器（增强型 CCD 线阵或面阵），在红外光区域用硫化铅光敏电阻、红外半导体传感器或热电偶等。近年来随着传感器技术的发展，分光光度仪中开始使用阵列光电传感器。在使用阵列传感器传感时，将单色仪的出射狭缝去掉，在它的位置上安装阵列传感器。

分光光度计按光路设计不同可以分为单光路分光光度计和双光路分光光度计。图 3-2 为单光路分光光度计的系统框图。在单光路系统中，样品透射率需要进行两次测试，一次先测 100% 透射光谱，另一次再测样品透射光谱，因此测试速度较慢，而且对光源的稳定性，以及系统的稳定性要求较高。

图 3-2　单光路分光光度计的系统框图

图 3-3 为双光路分光光度计的光学结构原理框图。在这种系统中，光源发出的光被分成两束：一束光束经过放置样品的样品池；另一束光束为参考光束，经过与样品池一样的参比池。两束光束经过样品池之后再由光束选择调制器将两束光束分别射入光电传感器，这样光电传感器就可以交替探测到经过样品的探测光束的光强度与参考光束的光强度，然后将两个光束光强度信号进行相除，就可以得到样品的透射率。这样的分光系统可以降低光源稳定性对光谱测试准确度的影

响，同样也可以具有较快的测试速度。表 3-1 为目前国际上常见双光路分光光度计的性能参数。

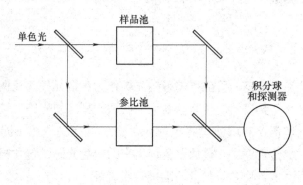

图 3-3   双光路分光光度计的光学结构原理框图

表 3-1   目前国际上常见双光路分光光度计的性能参数

性能参数	Lambda 900 PE 公司	Cary 5000	岛津 UV 365	Hitachi 4100
光谱范围/nm	175~3300	175~3000	190~2500	185~3300
光谱分辨率/nm	0.08	0.1	0.1	0.1
透射准确度（可见区）	0.00008	0.0003	0.001	0.0003
反射测试	可以	可以		可以
偏振测试	可以	可以		可以

2. 基于干涉型的光谱分析系统

红外光谱仪主要是指在光谱 $2.5 \sim 25 \mu m$ 区域进行光谱测试分析的仪器。在红外区域，人们往往采用波数来表示光波的波长（波数是波长的倒数，单位为 cm^{-1}）。色散型红外光谱仪器的主要不足是扫描速度慢，探测器灵敏度低，分辨率低。因此，目前几乎所有的红外光谱仪都是傅里叶变换型的。红外傅里叶变换光谱仪（IR-FT）是基于干涉原理的光谱分析系统，主要应用于红外光谱区域，是红外波段的主要光谱分析仪器。

红外傅里叶变换光谱仪的基本原理是：应用麦克尔逊干涉仪对不同波长的光信号进行频率调制，在频率域内记录干涉强度随光程差改变的完全干涉图信号，并对此干涉图进行傅里叶逆变换，得到被测光的光谱。图 3-4 为该类型仪器的工作原理示意图。

3.1.2   薄膜透过率测量

利用分光光度计测量薄膜元件的透射率的操作十分简单，一般只要把待测元

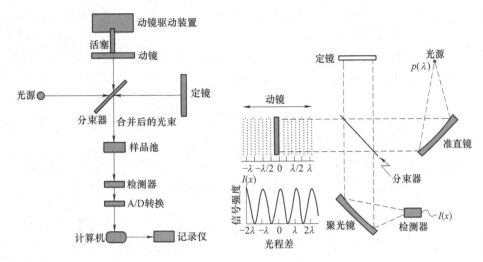

图 3-4　红外傅里叶光谱仪工作原理图

件插入样品室的测量光路中即可。在利用分光光度计进行透过率测量时，仪器测量的是通过样品光路到达检测器的光强度与通过参比光路到达检测器的光强度的比值，称之为透过率。

在实际测量过程中，不同的光谱仪有不同的测试步骤。一般光谱仪在开机后，都有一个初始化的过程，等到初始化完成之后，首先对光路进行校准，然后就可以进行样品测试参数的设定，放置样品，进行测试。一般而言，为了获得较高的测试准确度，都要开机一段时间，等待光谱仪稳定后，再测试。

3.1.3　薄膜反射率测量

薄膜反射率的测量不如透射率那样方便和普及。反射率的测量比透射率要复杂和困难。其主要原因是：

1）不容易找到在很宽波段范围中具有 100% 反射率性能的长期稳定的参考样品。

2）在反射率测量中，由于反射光路的变化灵敏，有样品和无样品时，光斑在光电探测器光敏面上的位置往往会变动，这导致误差明显增加。

3）各种薄膜元件对反射率测量的范围和准确度都有不同的要求。例如减反射膜，希望测得低反射率的准确度不低于 0.1%，而激光高反射镜要求在反射率高于 99% 的范围内，能够有优于 0.01% 的测量准确度。

下面介绍几种测量反射率时常用的方法。

1）相对反射率测量：相对反射率测量光路示意图如图 3-5 所示。

在相对反射率的测试中，关键点在于找到满足测量要求的参考样品，这种方法简单方便，适合于低反射率测量。

2）绝对反射率测量：绝对反射率测量一般采用 V-W 型，这种方法通过测量光的多次反射来提高测量准确度，光路示意图如图3-6所示。

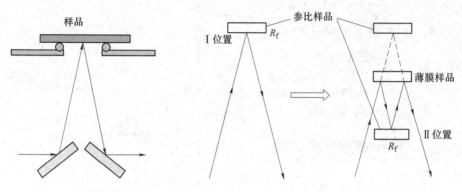

图3-5　相对反射率
测量光路示意图

图3-6　V-W 型测量反射率光路示意图

利用 V-W 型光路测量薄膜反射率时，需要一块反射率较高的（不必知道具体数值）参比反射镜 R_f。为了降低定位准确度的要求，最好选用球面反射镜。在第一次测量中，参比反射镜 R_f 在位置 I，光线仅受到该镜的反射。如果入射光强度为 I_0，光电器件接收到的光强度 I_1 为

$$I_1 = R_f I_0 \tag{3-1}$$

在第二次测量中，将待测样品加入，R_f 在转至位置 II、位置 Q 时样品表面与位置 I 成轴对称。光线在样品表面反射两次，在辅助反射镜上反射一次，然后沿与第一次相同的光路投射到光电器件上。该时接收到的光强度 I_2 为

$$I_2 = R_f R^2 I_0 \tag{3-2}$$

其中，R 为样品的反射率。从上两式我们可以求出 R 的值

$$R = \sqrt{I_2/I_1} \tag{3-3}$$

从上式可知，通过参比反射镜 R_f 测试的反射率 R 为绝对反射率。该方法适合于测量高反射膜，得到的反射率的准确度可以高于光度测量的准确度。由于在样品上反射两次，该方法不适合于测量低反射率，特别是减反射膜。另外，该方法要求样品有一定的面积，以保证光线可以在样品表面有两次反射。反射率 R 是这两个反射光斑处的样品反射率的几何平均值。

3.1.4　影响测量准确度的因素

在利用分光光度计进行薄膜透过率和反射率的测量时，所需要注意的影响测

量结果的主要因素有以下几点：

1) 测量口径：测量中应保证光束全部穿过样品，不能全部贯穿则会造成测量误差。如果在实际测量中遇到样品小于光束的情况，可以在光路中加入小孔径光阑来调节。

2) 测量样品厚度：许多分光光度计都把测试光束和参考光束会聚于样品室的中间。这样，当光路中插入了一块较厚的样品时，光束在接收器光敏面上的会聚状况会发生变化，引起误差，特别是基板的折射率较高或是采取倾斜入射时，影响更大。克服这一误差的方法是用一块折射率和厚度与测试样品相同的空白基板作为参考样品插入参考光束，以保持两个光束的一致。对于较厚的样品，为了获得高的光谱测试准确度，最好使用带有积分球系统的光电传感单元，以克服厚样品带来的测试光斑的变化或移动。

3) 仪器光谱分辨率：分光光度计的分辨率常高于 10nm。在测定带宽小于 30nm 的窄带滤光片或是截止特性很陡的截止滤光片时，必须充分考虑分辨率的影响。在这种情况下，由于测量光束包含的光谱区间不够窄，仪器所显示的数值实际上是待测元件在该段光谱区间内的平均透射率。

4) 空气中某些吸收成分影响：在近红外区域，二氧化碳的吸收带常常会干扰测试结果，其特征是光谱曲线呈显示吸收光谱所特有的尖锐的透射起伏。当测试房间通风不佳时，室内二氧化碳的浓度可以随室内人员的增多而提高，从而使该项误差增大。在紫外光区域，当波长小于 200nm 时，通常要充入氮气，以减小水蒸气吸收的影响。

5) 光线偏振的影响：由于光线在分光光度计中经过了多次反射，测量光束一般都带有偏振特性。高档的分光光度计为了克服偏振效应，采用了去偏或圆偏光检测的测量光束，但一些中、低档的分光光度计测量光束往往含有部分偏振光。当测量斜入射下薄膜样品的透射率时，必须充分注意光线的偏振特性。

3.2　光学薄膜厚度的测量

光学薄膜厚度的数值在很大程度上决定着薄膜最终的光学性质，对薄膜厚度的准确表征有助于镀膜工艺的改进。对薄膜厚度的测量可以采用多种方法，比如干涉仪、台阶仪等，下面将分别介绍。

3.2.1　干涉法测量薄膜厚度

干涉法是利用相干光干涉形成等厚干涉条纹的原理来确定薄膜厚度和折射率

的。根据光干涉条纹方程，对于不透明膜，有

$$d = \left(q + \frac{c}{e}\right)\frac{\lambda}{2} \tag{3-4}$$

对于透明薄膜，有

$$d = \left(q + \frac{c}{e}\right)\frac{\lambda}{2(n_{f-1})} \tag{3-5}$$

上两式中，λ 为相干光的波长；q 为错位条纹数；e 为条纹间隔宽度；c 为条纹错位量；n_f 为薄膜折射率。因此，若测得 q、c、e，就可求出薄膜厚度 d。

干涉法主要分双光束干涉和多光束干涉，后者又有多光束等厚干涉和等色序干涉。双光束干涉仪主要由迈克尔逊干涉仪和显微系统组成，其干涉条纹按正弦规律变化，测量准确度不高，仅为 $1/10 \sim 1/20$ 波长，一般的干涉显微镜光路如图 3-7 所示。

干涉法不但可以测量透明薄膜、弱吸收薄膜和非透明薄膜，而且适用于双折射薄膜。一般来说，不能同时确定薄膜的厚度和折射率，只能用其他方法测得其中一个量时，可用干涉法求另一个量。另外，确

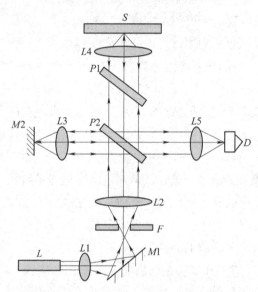

图 3-7　双光束干涉仪干涉显微镜光路

定干涉条纹的错位条纹数 q 比较困难；对低反射率的薄膜所形成的干涉条纹，对比度低，会带来测量误差，而且薄膜要有台阶，测量过程调节复杂，容易磨损薄膜表面等，这些都对测量带来不便。

3.2.2　轮廓法测量薄膜厚度

轮廓法就是应用一个微小的机械探针接触待测薄膜表面测试薄膜厚度的方法，又称为探针扫描法。由于探针很细小，仅为几个微米，因此探针在薄膜表面扫描移动时可以随着表面凹凸而上下移动。为此在薄膜样品制样的时候就必须制备出薄膜厚度的台阶，以便测试用。如果没有膜层的台阶，用轮廓法很难测出薄膜的厚度，因为没有比较物的高度，这样就需要人为制造一个台阶。

利用这种方法对薄膜厚度进行测试时，需要探针与薄膜直接接触并有一定的压力，因此这种方法对有一定硬度的薄膜有比较好的效果（比如 SiO_2、TiN 等），对于柔软薄膜，需要采用较轻质量和较大直径的探针，才能不使薄膜划伤和避免因膜材黏附在探针针尖上而引起误差。

3.2.3　其他测量方法

利用椭偏仪也可以进行薄膜厚度的测量，椭偏仪的原理和使用将在 3.4.2 节进行介绍。

3.3　光学薄膜激光损伤阈值测量

3.3.1　光学薄膜损伤测量标准及判定

广义上讲，光学薄膜的激光损伤可定义为元件"由于激光的作用而使薄膜的性能或者结构发生了可观察的变化"。由此，光学薄膜的损伤可分为可逆性损伤与非可逆性损伤两类。非可逆性损伤指由于激光作用，元件局部或整体的结构/物性发生了可观察的变化，损伤通常是灾难性的，不可逆的。可逆性损伤指元件发生功能的变化，它通常是瞬态的、可逆的，能够用光学或其他方法观察到的微观瞬态过程。它可严重影响激光输出及传输特性，可诱发非可逆性损伤的产生。在本节的讨论中，除非特殊声明，所讨论的光学薄膜的损伤一般指非可逆损伤。

损伤判断是与检测手段直接相关联的。按照 NASA（美国航空航天局）和 ISO11254-1，2 的推荐，损伤的判断应用 Nomarski 干涉偏光显微镜观察，并且放大倍数至少达到 100 倍以上。在上述条件下观察到的样品表面发生的永久性变化均界定为损伤，一般以层裂、熔融、形变和色斑等形式表现。

损伤阈值是指光学元件发生临界损伤时的激光能量密度，鉴于光学元件本身的不均匀性和激光输出特性的起伏等原因，损伤是有一定概率的。损伤阈值的定义通常有两种：50% 损伤阈值和 0% 损伤阈值。两种取值方法各有其特点，视需要而选择。对于用户而言，通过 0% 损伤阈值可以确定激光的安全工作限；而对于薄膜制备人员来说，50% 损伤阈值可以反映出该薄膜样品中的杂质、缺陷情况，以及可能获得的最佳的薄膜主体的抗激光强度。

3.3.2　几类激光损伤阈值测量方法介绍

激光损伤分脉冲激光损伤和连续激光损伤。在脉冲激光损伤中，根据激光辐照方式的不同，光学薄膜激光损伤阈值的测试方法主要有以下4种：

1-on-1：又称为单脉冲损伤，体现的是薄膜样品的初始状态，这是薄膜制备者比较关心的问题。在1-on-1测试中，每个样品点只接受一个激光脉冲辐照，不管出现损伤与否，样品移至一个未辐照点。

S-on-1：又称为多脉冲损伤，表现的是薄膜样品在重复率激光作用下的累积损伤效果，这是薄膜使用方比较关心的问题。在S-on-1测试中，同样能量的多个激光脉冲在较短时间内作用于同一区域，脉冲个数以及激光重复频率应根据具体情况约定。

R-on-1：对每个位置以斜坡式渐增的能量密度进行多次辐照。

N-on-1：每个位置多次辐照，每次辐照之间的能量密度增量比R-on-1大，其他方面相同。

对于这4种方法，阈值本身的概念及确定方法都基本相同，唯一不同的只是激光辐照的方式不同而已。

3.3.3 激光损伤测试装置

光学薄膜损伤标准测试装置示意图如图3-8所示，采用确定波长、脉宽、偏振态及TEM00工作模式的高能量脉冲激光器作为测试激光器，激光器被放置在固定光学平台上，光束垂直入射到薄膜样品，通过衰减器调节损伤激光器辐照到样品的能量大小。另一台He-Ne激光器用来作为光路准直之用。

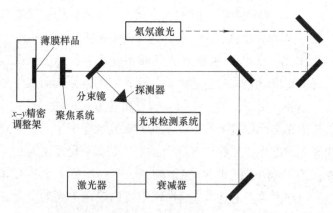

图3-8 光学薄膜损伤标准测试装置示意图

在测试光路上，采用分束镜分出一束光束，使之进入光束探测装置，以观测损伤激光器的输出能量、波形、脉宽、偏振态等参数。另外，还需要配备光束检测系统对激光辐照前后的样品表面进行观察，以判断损伤与否。

在损伤测试中，光学薄膜样品被放置在垂直于入射光束的 x-y 精密调整架上，以实现被测薄膜样品不同辐照点之间获得统一的间隔距离。为了防止激光被样品反射再次进入激光源，应该保留 1°～2° 的离轴误差。

3.3.4　1-on-1 损伤测试标准过程

1. 测试前的准备工作

需要根据样品的正常使用条件确定测试参数，如波长、入射角、偏振方向，如果给定了这些参数的范围，那么可以在确定范围内任意组合这些参数。

样品的储存、清洗等应根据样品提供者给定的使用说明处理。如果没有相应的说明，则应用下述方法处理：测试前样品需要在相对湿度小于 50% 的环境下存放 24h，并要根据 ISO/DIS 10110-7 的要求，利用 Nomarski 显微镜对样品表面质量和清洁程度进行观察，如果表面有污染物，则需要进行清洁工作，清洁方法需要在测试报告中注明。

当污染物不能被清除时，则需要在测试前用光学或电子学方法对其进行记录。测试环境应该经过空气过滤，相对湿度小于 50%，并需将实际情况记录在测试报告中。

2. 阈值测试过程

在测试之初，首先要粗测出损伤阈值的大概范围，这时每次辐照的激光能量由大到小分成若干台阶，直到阈值附近（即不出现损伤为止），每个台阶能量密度降低 2～5J/cm^2。

在确定阈值的大概范围后，就要较为精细地测出阈值的确切值。此时在粗测阈值的附近更细地分出 4～5 个台阶（在我们的实际测试中，为了增大数据的可信度，我们常常取 10 个台阶），每个台阶辐照 5～10 个点，各台阶的能量密度增幅为 0.25J/cm^2，重复测试直到测试数据中包含：连续两个台阶能量密度辐照不引起样品损伤（即零破坏概率），以及至少一个能量密度台阶上损伤概率在 60% 以上。

测试时每个辐照点之间的间隔至少是 3 倍于激光的光束直径，以保证任何辐照点的损伤状况不受相邻辐照点影响，辐照各点的阵列排列以及能量密度分级排列如图 3-9 所示。

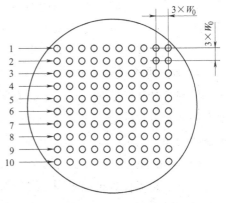

图 3-9　损伤阈值测试中辐照各点的阵列排列以及能量密度分级排列

光学薄膜的损伤的判别应通过具有 Nomarski 干涉偏光效果的显微镜观察，并且放大倍数至少达到 100 倍以上。在上述条件下观察到的样品表面发生的永久性变化均界定为损伤，一般以层裂、熔融、形变和色斑等形式表现。

3. 阈值的确定

阈值的确定是通过损伤概率的方法得出的。计算出每一个能量密度台阶辐照的 10 点中的损伤概率，然后以能量密度为横坐标，损伤概率为纵坐标，做出能量密度与损伤概率图，再对图中 0%~60%损伤概率的数据做线性拟合，拟合线与横坐标交点处的能量密度即为 0%损伤概率。

3.4 光学薄膜其他参数测量

3.4.1 薄膜的吸收和散射测量

吸收和损耗是薄膜的两种主要损耗机制，对于薄膜器件而言，有：$R+T+L=0$，其中 R 表示光能反射率，T 表示光能透过率，L 表示能量损耗率，L 是光能散射损耗率（S）与吸收损耗率（A）的总和，即 $L=S+A$。因此，对于损耗较大的薄膜器件，可以通过测试样品的反射率与透射率的方法，间接地测试出薄膜的损耗。但对于微弱损耗的薄膜（薄膜的损耗$<10^{-3}$）而言，就必须考虑更为灵敏的方法来分别研究测试薄膜器件的吸收与散射损耗。

当薄膜用于高能激光系统时，即使是微量的吸收也会导致薄膜的破坏。薄膜吸收光能后，温度会升高，因此，测量热效应是研究薄膜吸收的基本方法。薄膜的散射损耗是光能在光学薄膜中的另外一种光学损耗，散射损耗的产生可以大致分为两种情况：一种是由界面的粗糙度导致；另一种是由薄膜体内的折射率因颗粒状不均匀性而产生。散射损耗的后果是反射与透射能量减低，同时带来杂散光，影响整个光学系统的性能。下面介绍几种检测薄膜弱损耗的主要方法。

1. 激光量热计测量薄膜弱吸收

激光量热法的原理是让一束激光照射到薄膜样品上，通过热电偶热敏电阻及高灵敏热释电检测器直接测量样品的温升，进而推算样品吸收的数值。对于常见的透明薄膜，其吸收率很小，所以样品受到瓦级激光的光照后，温度的升高不超过 1℃。在这种情况下，为了提高测量灵敏度，必须尽量减少各种形式的热损耗。根据对热损耗处理的不同方案，激光量热计可以分为速率型量热计和绝热型量热计两种类型。

速率型量热计：其装置原理如图 3-10 所示。在测量中选用一定厚度的样品，其温度变化曲线可以分三部分: a 段, 样品受到光照后, 吸热大于损耗, 温度不断上升。b 段, 假定环境温度严格保持不变, 样品温度越高, 散热越快, 当样品吸收的热量等于发散到环境的热量时, 样品的温度达到动态平衡状态。这时有

$$\alpha LP = hT_0 \tag{3-6}$$

式中, α 为吸收系数; L 为样品厚度; P 为入射功率; T_0 是样品的温升值; h 为比例系数, 与散热快慢有关。为了求出系数 h, 进一步考察图 3-10 的 c 段, 在这段时间里激光关闭, 样品的温度 T 按牛顿自然冷却定律下降:

$$-\frac{\mathrm{d}Q}{\mathrm{d}t} = hT, \mathrm{d}Q = cm\mathrm{d}T \tag{3-7}$$

式中, Q 是样品的热量; c 为比热容; m 为质量; t 为时间。

从上式可以得出

$$-\frac{\mathrm{d}T}{T} = \frac{h}{cm}\mathrm{d}t, T = T_0 \mathrm{e}^{-\frac{h}{cm}t} \tag{3-8}$$

此公式可测出该温度下降过程的时间常数 e, 即温度下降到原来温度 T_0 的 0.368 所经历的时间, 由于

$$l = \frac{cm}{h} \tag{3-9}$$

进而可以得到

$$\alpha = \frac{cmT_0}{LPl} \tag{3-10}$$

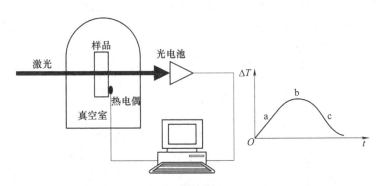

图 3-10　速率型量热计原理图

对于速率型量热计, 其温升值是在吸收等于损耗的动态平衡状态下测得的。热损耗越小, 温度升高越大, 可以测量的吸收值越小, 灵敏度就越高。环境温度的波动越小, 下降曲线就越精确, 误差就越小。主要的误差因素是环境温度的波动。因此实验装置的热损耗应尽量减小, 而样品外面的绝热套应该具有很高的温

度稳定性（<0.01℃）。

绝热型量热计：绝热型量热计的原理很简单，假定实验装置的热损耗可以忽略不计。当激光照射样品一段时间后，样品吸收的热量全部用于升高温度，显然，温升 ΔT 与吸收率 A、入射功率 P 之间有以下关系

$$PAt = cm\Delta t \tag{3-11}$$

式中，t 为加热时间；c、m 是样品的比热容和质量，从上式可以得到

$$A = cm\Delta t/Pt \tag{3-12}$$

2. 光声光热偏转法测量薄膜吸收

光声光谱法

光声法检测薄膜吸收的原理：光源发出的光束经调制后入射到密闭池中的样品上，薄膜样品吸收的辐射能将以热能的形式释放出来，其中一部分传递给池中气体而转化为气体的热膨胀，另一部分则直接转化为膜层内部的热膨胀，两者最终都导致了密闭池内气压的增加。由于光强是周期性调制的，因此密闭池中的气压也以同样的频率变化，由此就形成声压信号。用微音器检测出这个信号，并通过检测系统加以放大和滤波，就得到与膜层吸收成正比的光声信号。

若入射单色光波长可变，则可测得随波长而变的光声信号图谱，这就是光声光谱。若入射光是聚焦而成的细束光并按样品的 x-y 轴扫描方式移动，则能记录到光声信号随样品位置的变化，这就是光声成像技术。

在图 3-11 中，光源采用 40mW 的 He-Ne 激光，调制频率为 120Hz，锁相放大器可以探测到 nV 级的极小信号。从测量薄膜吸收的角度出发，我们可以认为接收器得到的光信号 V_S 正比于薄膜的吸收，即

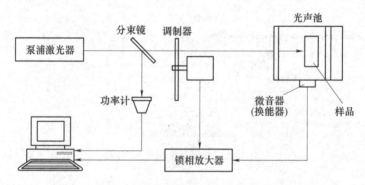

图 3-11　光声光谱法测试薄膜的吸收光热偏转光谱法

$$V_S = I_0 AKPAS \tag{3-13}$$

式中，I 是入射光强；K 是与仪器有关的常数；PAS 是光声压力振幅系数。光声

光谱信号与样品的光学性质（如吸收系数）和热学性质（如比热容）以及密度等多种因素有关。因此，光声方法易于进行相对测量，进行绝对测量时必须先定标。

光热偏转法的原理：当样品吸收激励光后温度会升高，因热传导而在样品以及周围介质中形成温度场。折射率是温度的函数，由此就产生了折射率梯度场。当另一束探测光束穿过该区域时，光线因受到折射率梯度场的影响而发生偏转，该偏转可以用位置传感器探测出来。从偏转值中即可以推算样品的吸收系数。

另外，光热偏转法可以进一步拓广用于测试或评估薄膜的吸收损耗与基板的吸收损耗。其基本原理为：薄膜的吸收大小与入射的光束单位体积的能量有关。我们可以调节泵浦激光聚焦位置来选定吸收的主要探测位置。因此在测试系统中，假设固定探测激光与泵浦激光的空间位置，而将样品沿泵浦激光光束方向扫描移动，我们探测的光热信号就是随泵浦激光聚焦点位置的变化吸收，这样就可以对薄膜样品沿厚度方向的吸收变化做一个全面的分析。

3.4.2　薄膜材料折射率测量

薄膜材料的折射率由两部分参数组成，即折射率实部 n 和消光系数 K，薄膜材料的折射率在很大程度上决定了薄膜的透过率、反射率、吸收等光学特性，其数值的测试是一个十分重要的内容。常用的测试薄膜材料的折射率的方法是光度法、椭偏仪测量法、布儒斯特角和棱镜耦合法等。本节重点介绍椭偏仪测量法，这是对薄膜折射率测试比较准确而且认可度较高的一种方法。

椭偏仪测量法测量的基本思路是：起偏器产生的线偏振光经取向一定的 1/4 波片后成为特殊的椭圆偏振光，把它投射到待测样品表面时，只要起偏器取适当的透光方向，被待测样品表面反射出来的将是线偏振光。根据偏振光在反射前后的偏振状态变化，包括振幅和相位的变化，便可以确定样品表面的许多光学特性。

图 3-12 所示为一光学均匀和各向同性的单层介质膜。它有两个平行的界面，通常，上部是折射率为 n_1 的空气（或真空），中

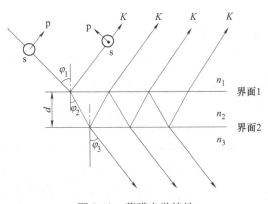

图 3-12　薄膜光学特性

间是一层厚度为 d、折射率为 n_2 的介质薄膜，下层是折射率为 n_3 的衬底，介质

薄膜均匀地附在衬底上，当一束光射到膜面上时，在界面 1 和界面 2 上形成多次反射和折射，并且各反射光和折射光分别产生多光束干涉。其干涉结果反映了膜的光学特性。

设 φ_1 表示光的入射角，φ_2 和 φ_3 分别为在界面 1 和 2 上的折射角。根据折射定律有

$$n_1 \sin\varphi_1 = n_2 \sin\varphi_2 = n_3 \sin\varphi_3 \tag{3-14}$$

光波的电矢量可以分解成在入射面内振动的 p 分量和垂直于入射面振动的 s 分量。若用 E_{ip} 和 E_{is} 分别代表入射光的 p 和 s 分量，用 E_{rp} 及 E_{rs} 分别代表各束反射光 K_0，K_1，K_2，$\cdots$ 中电矢量的 p 分量之和及 s 分量之和，则膜对两个分量的总反射系数 R_p 和 R_s 定义为

$$E_{rp} = \frac{r_{1p} + r_{2p}e^{-i2\delta}}{1 + r_{1p}r_{2p}e^{-i2\delta}}E_{ip} \quad E_{rs} = \frac{r_{1s} + r_{2s}e^{-i2\delta}}{1 + r_{1s}r_{2s}e^{-i2\delta}}E_{is}$$

$$R_p = E_{rp}/E_{ip}, R_s = E_{rs}/E_{is} \tag{3-15}$$

经计算可得：

式中，r_{1p} 或 r_{1s} 和 r_{2p} 或 r_{2s} 分别为 p 或 s 分量在界面 1 和界面 2 上一次反射的反射系数。2δ 为任意相邻两束反射光之间的位相差。根据电磁场的麦克斯韦方程和边界条件，可以证明：

$$r_{1p} = \tan(\varphi_1 - \varphi_2)/\tan(\varphi_1 + \varphi_2)，r_{1s} = -\sin(\varphi_1 - \varphi_2)/\sin(\varphi_1 + \varphi_2)；$$

$$r_{2p} = \tan(\varphi_2 - \varphi_3)/\tan(\varphi_2 + \varphi_3)，r_{2s} = -\sin(\varphi_2 - \varphi_3)/\sin(\varphi_2 + \varphi_3)$$

$$\tag{3-16}$$

由相邻两反射光束间的程差，不难算出

$$2\delta = \frac{4\pi d}{\lambda}n_2\cos\varphi_2 = \frac{4\pi d}{\lambda}\sqrt{n_2^2 - n_1^2\sin^2\varphi_1} \tag{3-17}$$

式中，λ 为真空中的波长；d 和 n_2 为介质膜的厚度和折射率。

在椭圆偏振法测量中，为了简便，通常引入另外两个物理量 ψ 和 Δ 来描述反射光偏振态的变化，它们与总反射系数的关系定义为

$$\tan\psi \cdot e^{i\Delta} = R_p/R_s = \frac{(r_{1p} + r_{2p}e^{-i2\delta})(1 + r_{1s}r_{2s}e^{-i2\delta})}{(1 + r_{1p}r_{2p}e^{-i2\delta})(r_{1s} + r_{2s}e^{-i2\delta})} \tag{3-18}$$

上式简称为椭偏方程，其中的 ψ 和 Δ 称为椭偏参数（由于具有角度量纲也称为椭偏角）。由上述公式可以看出，参数 ψ 和 Δ 是 n_1、n_2、n_3、λ 和 d 的函数，其中 n_1、n_2、λ 和 φ_1 可以是已知量，如果能从实验中测出 ψ 和 Δ 的值，原则上就可以算出薄膜的折射率 n_2 和厚度 d。这就是椭圆偏振法测量的基本原理。

在参数 ψ 和 Δ 实际测量中所用到的光路示意图如图 3-13 所示，其中 S 为薄

膜样品，L 为光源，D 为探测器，P 为起偏器，Q 为 1/4 波片，A 为探测器。在完成对参数 ψ 和 Δ 的测量后，采用计算机软件对其数据进行建模拟合，可以得到折射率数据。

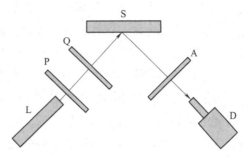

图 3-13 椭偏仪光路示意图

椭偏仪测量法具有很高的测量灵敏度和准确度。ψ 和 Δ 的重复性准确度已分别达到 0.01° 和 0.02°；入射角可在 30°～90° 内连续调节，以适应不同样品；测量时间达到 ms 量级，已用于薄膜生长过程的厚度和折射率监控。但是，由于影响测量准确度的因素很多，如入射角、系统的调整状态、光学元件质量、环境噪声、样品表面状态、实际待测薄膜与数学模型的差异等，特别是当薄膜折射率与基底折射率相接近（如玻璃基底、SiO_2 表面薄膜），薄膜厚度较小和薄膜厚度及折射率范围位于 $(n, d) - (\psi, \Delta)$ 函数斜率较大区域时，用椭偏仪同时测得薄膜的厚度和折射率与实际情况有较大的偏差。因此，即使对于同一种样品，不同厚度和不同折射率范围、不同的入射角和波长都存在不同的测量准确度。

3.4.3 薄膜散射测量

薄膜元件中的散射损耗一般是很小的（<1%）。但是在一些膜系中，散射损耗的大小对薄膜的质量起举足轻重的作用。例如，在 He-Ne 激光器高反射镜中，总的损耗为 0.7%～0.3%，其中吸收损耗为 0.02%～0.05%，而散射损耗约为 0.25%。可见要提高激光高反射镜的反射率，就必须降低薄膜的散射损耗。另外，在大功率激光系统中，光线经历了一系列的放大，如果光学元件有少量背散射光产生，就会破坏光泵的功能而引起危险。

光学薄膜的散射可以分为体内散射和界面散射（或表面散射）。

体内散射起因于薄膜内部折射率的不均匀性。由于蒸发薄膜都具有柱状结构，其孔隙和柱体的折射率差异很大，因而产生散射。体内散射对入射光线的影响与体内吸收相仿，它使薄膜中的光强度随着薄膜厚度的增加而按指数规律衰减。它们两者对于透射光或反射光的影响难以区别。故我们用光度法或椭偏仪测量法推算得到的薄膜消光系数，实际上包含了吸收和散射两项损耗，其值应大于用激光量热计测量得到的消光系数，因为后者仅反映了吸收的大小。

引起光学薄膜表面散射的有两类主要表面缺陷：一类是表面的气泡、裂缝、划痕、针孔、麻点、微尘和蒸发时喷溅的微小粒子。它们的线度一般均远大于可见光波长。原则上说，这种相对比较大的缺陷引起的散射，可以用 Mie 理论来处理。Mie 理论可以计算分立的、非相关粒子的散射。它假定粒子具有简单的几何形状，诸如球形或椭球形。这些粒子具有有限的尺寸和一定的介电常数。

但是在实际计算中，由于散射粒子的形状、分布和介电常数无法知道，故难以得到定量的结果。由于这些粒子或缺陷的线度比较大，故它们的散射在紫外和可见区影响不大，而对红外波段影响较大。

另一类缺陷就是薄膜表面的微观粗糙度。由表面粗糙度引起的表面不平整的线度远小于一个波长，并服从统计规律。对于高准确度光学表面上制备的光学薄膜器件，除了一些喷点引起的薄膜散射，一般薄膜的散射均属于表面或多层膜界面的微粗糙现象造成的。目前，处理这些微粗糙度引起的光散射的理论主要有标量理论和矢量理论两种。

在标量理论中，主要研究薄膜在 4π 立体角之内的散射光总和——总积分散射（TIS），与薄膜表面微观量——方均根粗糙度 σ 之间的关系。标量理论产生于 20 世纪 60 年代，理论值与实验结果得到较好的符合。但是由于忽略了散射光线的方向和偏振等因素，只考察总积分散射这一项物理量，就不易从 TIS 中得到较多的关于表面微观物理量的信息。

测量基板或薄膜表面方均根粗糙度的主要方法是利用轮廓仪测量，其能达到的最高分辨率为 1nm。一般光学车间中大批量加工的玻璃基板的方均根粗糙度为 $2\sim10$nm，而实验室里经仔细加工的表面，其 σ 值可以小至 $0.5\sim1$nm。

测量总积分散射的基本方法是采用积分球进行相对测量。其装置的示意图如图 3-14 所示。样品一般置于积分球中心，He-Ne 激光从直径很小的入射光孔进入积分球，照射在样品上，样品的反射光从反射光孔中穿出，被角状衰减器吸收。透射光也从透射光孔中射出，也被角状衰减器吸收。积分球的一侧装有光电倍增管，光电信号经过放大器放大后用数字电压表读数。

为了调节光强大小，光路中有可插入和退出的衰减片。测量时先用散射率为 η 的标准散射板予以校正。由于该时光强较大，故宜插入衰减片。设该时电压表的读数为 I_0。然后退出衰减片，再对样品进行测量，设再得到的电压表读数为 I_A，那么样品的散射率 S_R 为

$$S_R = \frac{\eta I_A}{K I_0} \qquad (3\text{-}19)$$

其中，K 是衰减片的衰减系数。

矢量理论则是 20 世纪 70 年代提出的新理论。它弥补了标量理论的不足，在

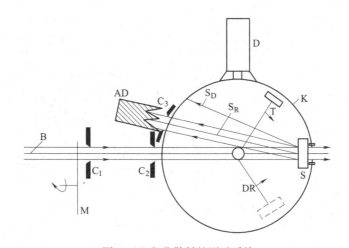

图 3-14　积分散射的测试系统

B—激光束　M—光调制器　C_1、C_2、C_3—狭缝　S—待测样品　K—积分球　AD—黑体

D—光电倍增管　T—标准片　DR—转臂　S_D—散射光　S_R—镜向反射光

分析计算中考虑了散射光的方位和偏振特性。利用矢量理论能计算出薄膜表面散射光在空间各方向的强度分布图。因此，矢量理论是与角度微分散射测试系统相联系的，它能够较好地体现表面各种空间频率的微粗糙度的大小与状态，能够体现出更多的表面结构特征。

虽然散射角分布的理论十分复杂，但是测量散射角分布的装置原理却直观而简单，然而要能检测出极小的散射量，则必须精心设计和制作。在这类测量装置中，通常以样品为中心，光电探测器可以围绕样品在入射平面内作 180°或 360°的转动。性能较好的仪器还可以在以样品为中心的整个球面上转动，以测得非入射平面内的散射光。样品一般能转动和平动，以测量斜入射下的散射特性和扫描样品上各点的散射系数。在测量中，因散射信号很小，通常采用锁相放大器。此外，由于测量数据很多，所以常常采用计算机进行自动采样和分析数据。图 3-15即是一种测量散射角分布的仪器。

3.4.4　薄膜折射率测量

最常用的薄膜折射率测量方法为阿贝法（又称布儒斯特角法），是基于光波在界面上的布儒斯特效应而建立的薄膜光学常数测试方法。其基本原理为当一束平行光以某一角度入射时，空白基板表面与镀模表面 p 偏振光的反射率是相同的。这个特殊的入射角叫做膜层的布儒斯特角（θ_{iB}）。当 p 偏振光以 θ_{iB} 从 n_0 媒介入射到 n_1 媒介时（折射角为 θ_1），空气/膜层界面消失，振幅反射系数为零，即

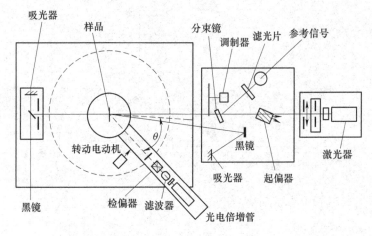

图 3-15　散射角分布测试系统

$$r_p = \left(\frac{n_0}{\cos\theta_{iB}} - \frac{n_1}{\cos\theta_1} \right) \bigg/ \left(\frac{n_0}{\cos\theta_{iB}} + \frac{n_1}{\cos\theta_1} \right) = 0 \qquad (3\text{-}20)$$

于是

$$\frac{n_0}{\cos\theta_{iB}} - \frac{n_1}{\cos\theta_1} = 0 \qquad (3\text{-}21)$$

由斯涅尔定律得

$$n_0\cos\theta_{iB} = n_1\cos\theta_1 \qquad (3\text{-}22)$$

由式（3-20）和式（3-22），当 $n_0 = 1$ 时有

$$n_1 = \tan\theta_{iB} \qquad (3\text{-}23)$$

这时，膜层与基板界面的 p 偏振光的反射率为

$$r_{2p} = \frac{\tan(\theta_{1B} - \theta_1)}{\tan(\theta_{1B} + \theta_1)} = \frac{\tan(90° - \theta_{iB} - \theta_1)}{\tan(90° - \theta_{iB} + \theta_1)} = \frac{\tan(\theta_{iB} - \theta_1)}{\tan(\theta_{iB} + \theta_1)} \qquad (3\text{-}24)$$

完全等于空气/基板界面的反射率，因此，膜区与无膜区的反射率相等。

这就是阿贝法测量折射率的依据。因此，只要测试出当 p 偏振光在薄膜表面的反射率消失时的角度，就可以计算出薄膜的折射率。

基于阿贝法的检测系统基本上由以下结构组成：如图 3-16 所示，光束经分束板分成两束光，经过偏振片，起偏为 p 偏振光，分别照射在薄膜与基板表面上，反射的光束经反射镜反射进入积分球，并由光电倍增管接收。光束调制器使得照到薄膜样品与基板的光束分别为光电探测器所探测，这样转动转台，就可以改变光束的入射角。由于反射镜与样品之间构成二面角，可以减小由于转动转台造成积分球位置的转动，仅有少量的移动就可以测得光束的反射率。当光电探测器的输出为一个方波信号时，说明入射角尚未等于布儒斯特角，但薄膜与基板两者反射率相等时，即光电探测器的输出为一直流分量时，对应的角度就为薄膜的布儒斯特角。

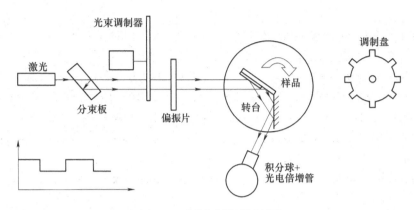

图 3-16　阿贝法测试原理图

参 考 文 献

［1］唐晋发，等．现代光学薄膜技术［M］．杭州：浙江大学出版社，2006.

［2］高本辉，等．真空物理［M］．北京：科学出版社，1983.

［3］唐晋发，顾培夫．薄膜光学与技术［M］．北京：机械工业出版社，1989.

［4］金原粲．薄膜的基础技术［M］．杨希光，译．北京：科学出版社，1982.

［5］PALIK E D. Handbook of optical constants of solids［M］. Pittsburgh：Academic Press，1985.

［6］MACLEOD H A. Thin-film optical filters［M］. 3rd ed. Pheladelphia：Institute of Physics Publishing，2001.

［7］SMITH D L. Thin film deposition：principles and practice［M］. New York：McGraw-Hill, Inc.，1995.

［8］MAHAN J E. Physical vapor deposition of thin Films［M］. Hoboken：Wiley-Interscience, 2000.

［9］EXARHOS G. prepararion of thin films［M］. New York：Marcel Dekker, Inc.，1992.

［10］ARNON BAUMEISTER P W. Versatile high-precision multiple-pass reflectometer［J］. Applied Optics，1978（17）：2913-2915.

［11］SANDERS V. High-precision reflectivity measurement technique for low-loss laser mirrors［J］. Applied Optics，1977（16）：19-20.

［12］PINNOW D A，RICH T C. Development of a calorimetric method for making precision optical absorption measurements［J］. Applied Optics，1973，12（S）：984-992.

［13］ATKINSON R. Development of a wavelength scanning laser calorimeter［J］. Applied Optics, 1985，24（4）：464-466.

［14］HOFFMAN R A. Apparatus for the measurement of optical absorptivity in laser mirrors［J］. Applied Optics，1974，13（6）：1405.

［15］顾培夫．薄膜技术［M］．杭州：浙江大学出版社，1990.

［16］HALL J F. Optcial properties of zinc sulfide and cadminum sulfide in the ultraviolet［J］. Journal of the Optical Society of America，1956（46）：1013-1014

［17］杨邦朝，王文生．薄膜物理与技术［M］．成都：电子科技大学出版社，1994.